エリザベット・ド・フェドー
Élisabeth de Feydeau

アラン・バラトン 監修

川口健夫 訳

マリー・アントワネットの植物誌

L'Herbier de Marie-Antoinette

原書房

Contents

緒　言　*5*
序　説　*7*
植物一覧　*24*
小トリアノン宮　マリー・アントワネットの聖域　*28*

フランス式庭園　　　　　　　*30*

ベルヴェデール（展望台）　　　*72*

イギリス式庭園　　　　　　　*102*

孤独の木立　　　　　　　　　*144*

王妃の村里　　　　　　　　　*162*

愛の神殿　　　　　　　　　　*200*

小トリアノン庭園の詩　シュヴァリエ・ベルタン作（英文）　*232*
小トリアノンにある外来の種子樹木の分類目録(1795)　*234*
参考文献　*236*
植物品種のインデックス　*238*

左図：パニエを付けた宮廷におけるマリー・アントワネット
　　（1778年画、エリザベット＝ヴィジェ＝ルブラン、1755-1842）

Dianeの面影に捧ぐ
薔薇は咲かず、すでに枯れたり

緒言

植物、花々、木々に、マリー・アントワネットは情熱をかけただけでなく、彼女の自由を表現する象徴でもあった。ルイ16世から、まるで花束のごとく贈られた「小さなトリアノン宮殿」に居場所を見つけた彼女はここで、ヴェルサイユ宮殿での堅苦しい束縛を忘れ、宮廷儀式から解放されることができた。アンドレ・ル・ノートルが設計した、荘厳なヴェルサイユ宮殿の幾何学式庭園とはかけ離れた、独自のイメージの庭園を創造したのである。

作家シュテファン・ツヴァイクの言葉で「小宇宙」と呼ばれた「トリアノン」には、きわめて貴重な植物種から身近な灌木までが持ち込まれた。マリー・アントワネットは、当時一流の建築家、造園家、園芸家を身近に集め、花園の彩りを自らも設計していた。

本書を通して、マリー・アントワネットが標本を分類したり、種子を注意深く採取し、植物の標本帳に新たなページを加える場面を読者は想像できることだろう。やや控え目ながら、著者の創造力は、この庭園と時代を、当時の園芸家の技術、歴史家の観点、さらには小説家の想像力をもって再現している。

本書は、きわめて厳密な植物学に裏づけされているが、それ以上に、マリー・アントワネットの特別な日常生活に接し、彼女の愛した花々を特定していくことができる。その中には多くの肖像画に描かれた薔薇、彼女が愛したスミレ、ライラック、ラークスパー、そしてヴェルサイユの寝室の織物に織り込まれた百合などが登場する。

この植物誌は、地理学の要素も含んでいる。たとえば1999年のハリケーンで倒れた有名なヴァージニアチューリップの木（アメリカ原住民によって発見され、大型帆船で海を渡ってきた）、到着まで5年の歳月を要した日本エンジュ（ただし日本からではなく中国から到来）。さらに、スペインやアラビアから持ち込まれた数々のジャスミンがあった。

アネモネに変身するアドニスの神話も登場する。

また、国王の支持者と農学者アントワーヌ゠オーギュスタン・パルマンティエの前で、マリー・アントワネットがジャガイモの花を髪に挿した歴史にも触れている（パルマンティエは、新しい野菜ジャガイモが、フランスを飢餓から救うと提言した）。

本書では、語源学の世界の扉も開いて、ボウコウマメ（仏語でbaguenaudier）は、動詞baguenauder（ゆっくり散策する）に由来することや、スズラン（仏語でmuguet）は「女たらし」の意味であることが学べる。

女王のために、調香師ジャン・ルイ・ファージョンが調合した濃厚な香水、たとえば女王の手袋を香らせた赤いカーネーションも登場する。

また、忘れてはならないのが、トリアノンの薬用植物である。王妃の偏頭痛のためにホットチョコレートに入れられたラベンダー、物忘れにライラック、火傷にユリの花びらのパップ、さらにはオオカミ避けにジンチョウゲの実などがあげられる。

これら以上に、本書はオードンジュ（天使の水）や精油など、詩的で厳選された植物の芳香に展望を開いている。神秘的な工房では、数滴の安息香と粉状のイリスが調合されており、泡立つガラスのフラスコや小瓶は、永遠の夢の世界。

そして何より、本書は読者の想像力をかきたててゆく。

カトリーヌ・ペガール
ヴェルサイユ宮殿および美術館総支配人

序説

　ひとりのオーストリア皇女がフランスに到着した。1755年11月2日に生まれた14歳6ヵ月の少女は、その後二度と両親に会うことはなかった。彼女の名はマリー・アントワネット。1770年5月16日に、ヴェルサイユ宮殿内の教会で、後のフランス国王ルイ16世と結婚し、フランス王家の一員になった。この政略結婚は、敵対してきた2ヵ国間に新たな同盟関係を築くために仕組まれたものであり、アントワネットのパリ到着時には、「20万人がお慕いしています！」と掲げた大歓迎を受け、メルキュール・ド・フランス紙は「春の香り」と報じ、新しい王女はフランス国民の歓喜に迎えられた。オウバーキルヒ男爵夫人は、1770年5月7日にストラスブールにおいて、この未来の王妃に拝謁しており、数年後にこの記念すべき日を回想している。

> 特に高貴な名家出身の15～20歳までの若い娘24名が、最高級生地であつらえたストラスブール流の変化に富んだドイツ風衣装をまとって歩み出て、皇女の足元に花々を撒きました。皇女は花の女神のごとく挨拶をなさり、個人的に紹介された私にとっては大きな名誉でした。皇女は、素朴さと優雅さをもって接見なさったので、全員が彼女の虜になりました。皇女は我々の名前をお尋ねになり、ひとりひとりに親しみのある言葉をかけられ、最後には素晴らしい花束をお配りになりました。私は、その中で最も可憐な花をいただき、私の記念用の植物標本に挟んで押し花にし、ドロテエ王女に贈りました。百合と薔薇の完璧な融合とでも申しましょうか、皇女の輝くばかりの容姿を、完全には表現できません[1]。

---

1) Oberkirch, Mémoires sur la cour de Louis XVI, pp. 31–32.

壮麗で自然な美

　マリー・アントワネットの優雅さと熱意は、あらゆる人々から賞賛された。「王位に最も相応しい素養をもち、完璧な美、フランス王妃としての模範となる。それは、単に優雅な若い女性としての意識にも表れていた」。評論家らも、彼女の高貴な雰囲気、堂々とした身のこなし、輝く容姿、青い瞳（畏怖の青白さではなく、生き生きとした青色）、そして活発で元気のよい挙動に注目した。その額は端麗で、顔の輪郭はやや面長ながらも美しく、眉毛はブロンド髪の女性として理想的であった。鼻はやや細い鷲鼻で尖っており、口は小さく、唇――特に下唇が豊かで、まさに「オーストリアの唇」だった。肌は見事なほど白く、素肌だけで化粧を必要としなかった。

　彼女はプロポーションの良さにも恵まれ、華麗な「古代ギリシアの首」ときわめて細いウエストの持ち主であり、未来の王妃は賞賛の嵐をいかんなく浴びた。国王ルイ15世は、女性の肉体美に造詣が深いことで知られていたが、アントワネットの若々しい、生まれながらの美しさ、紅色の顔色、優雅な歩き方と貴族的な身のこなしを高く評価していた。狩猟と美食を愛した、後の国王ルイ16世は、妻に対する賞賛と愛の表現を器用に表現できないながらも彼女に対して夢中になった。

　アントワネットの美貌は、会う人すべてを魅了し、王室出入りの業者は彼女を褒めそやした。名門の香水業者の跡継ぎジャン・ルイ・ファージョンも、未来の王妃に仕えたいと夢見るひとりであった。1748年、モンペリエの薬局と香水業を営む家庭に生まれ、経済的な成功を収め、やがてアントワネット御用達の調香師になっていった。彼は25歳にして、香水・手袋業界の団体から優秀賞を授与され、その一年後の1774年5月1日には代表作が認められて、「香水と手袋製造者名人　Maitre Gantier Parfumeur」の称号を得ている。当時の科学の発展に触

発され、蒸留法の改善に努力を重ねて、より濃縮度の高い精油の精製に成功している。ファージョンは1786年にはパリのシュレンヌに近いピュトーに、バラを蒸留する香水工場を開設していた。そして、店の経営、最良の原材料、優れた合成香料の製造にもっぱら熱意を示していた。彼の香水製造に関する論文「Traité de parfumerie」には、多大な努力と芸術性が示されている。ファージョンはこの論文に、自然からインスピレーションを得た香料のレシピ、人間の精神の神髄、時代の精神と、何よりも王妃の精神を紹介している。

小トリアノン宮——マリー・アントワネットの庭

　離宮小トリアノンは、1774年、ルイ16世からマリー・アントワネットに、「花を愛する君に、この花束を送る」という言葉とともに贈られ、彼女の隠れ家になった。同時に国王にとって、妻アントワネットが唯一の愛する女性であることを周囲に知らしめることにもなる。当初、王妃は午後の時間をトリアノンで過ごしていたものの、1778年に第一王女が誕生してからは、夜もトリアノンに宿泊するようになり、王室お抱えの建築家リシャール・ミック（1728-1794）が、建物の改築を依頼された。元々、小トリアノンはルイ15世と愛妾ポンパドール夫人のための娯楽棟として、建築家アンジュ=ジャック・ガブリエルによって建設されたものであり、1770年まで、この18世紀を代表する建物はポンパドール夫人の後釜であるデュ・バリー夫人の住居になっていた場所である。マリー・アントワネットの時代になってこの小トリアノンは、禁制の遊び場から、貴族社会のサロンとなり、大衆からの眼を逃れて、王妃が静かに夫、子供、そして限られた友人らと愉快な時間を過ごす場になった。王妃は小トリアノンではタペストリーの制作にふけり、宮廷の過度な装いを拒み、すべてが王妃の指示のもとで執り行われた。礼儀作法や公的義務は取り払われ、客もまた好きな

ように振る舞った。当時のヴェルサイユ宮殿と庭園は一般市民に公開されていたが、このトリアノンには王妃の特別な招待が無ければ、入ることはできなかった。彼女は「ここが私の家」と宣言し、「ここに宮廷は持ち込みません、一個人としての生活をするんです」と付け加えた。

　自然に囲まれたトリアノンは、マリー・アントワネットに堅苦しい宮廷行事を捨てさせ、同時代のフランス人哲学者ジャン＝ジャック・ルソーが愛した穢れのない、緑豊かな楽園を再発見させた。そこに、故郷オーストリアのシェーンブルン宮殿で楽しんでいた手つかずの農村を再現させたのだ。マリー・アントワネットは、小トリアノンに想像力から具現化した自然庭園を造り、そこで散策することを夢みていた。1773年の一年を通してアントワネットは、母マリア・テレジアへの手紙の中で、ウィーンのシェーンブルン庭園の改築に関してたびたび、彼女好みの新しい人工の滝について記している。

> シェーンブルン庭園は、立案から計り知れない景観を生み出していることでしょう。計画のすべてがもう完成しているなんていまだに信じられません。それにしても丘を作り直したのは、待ちに待った変更だと思います。滝の効果もきっと素敵なことでしょう。親愛なるお母様が、丘の改築を計画どおりに行われますよう、お祈りしています。

　王妃は幼少時に体験した風景を、小トリアノンに再現しようと試み、その結果、宮廷から非難を浴びることになった。1775年、彼女は兄のヨーゼフに打ち明けている。

> どこでも同じでしょうが、悪意のある流言飛語が飛び交っています。他愛のない行動が、酷い罪悪になってしまいます。他日、何故、道化の夫婦が呼ぶところの「私

> の小ウィーン」——小トリアノン訪問を懇願したのか
> ……私の見解では、悪意ある人々とその噂が、私が国王
> からの贈り物を改名したかのように話をでっち上げてい
> ます。

　マリー・アントワネットは、自然豊かな景観に囲まれて暮らすことを望んだ。その結果、彼女自身が小トリアノンでの作業監督までするようになっていた。彼女の侍従であるピエール＝シャルル・ボヌフォワに送った意向が、以下に記されている。

> 親愛なるボヌフォワ、私の庭園を訪問するジュシュー氏
> を紹介します。植物に精通している彼に、午後１時頃に
> お会いするのを楽しみにしています。庭師には、私自身
> で温室を案内する旨を伝えて下さい。
> 親愛なるボヌフォワ、昨日の仕事には満足しています。
> 私の広い散策路はとても良くなりました。土曜日にこの
> 博物学者の入館を認めて下さい。

　王妃は新しい植栽を喜び、友人であるマリー＝ルイーズ・ランバル公妃に情熱的に書き送っている。「昨日の手紙に、追伸しなければなりません。私は、これから侍女のエリザベスとトリアノンの庭園に行こうとしているところです。ジュシュー氏が来られ、その新しい植栽に感嘆しています」

アントワネットがデザインしたイギリス―中国式庭園

　王妃は個人の領地を得ると、その興味は、ガブリエルの手による名建築よりも、庭園へと向けられた。マリー・アントワネットは、「小芸術 レッサー アート」と呼ばれる工芸を愛し、領地に新しい建物を追加

するよりも、庭園の造営に関心を寄せた。陸軍将校であり農業に熱心なカラマン伯爵の図面に基づいた造園工事を自ら監督したものの、この工事は初期費用だけでも、20万ルーブルが必要だと見積もられた。マリー・アントワネットは、愛らしく、現代的で、独創的なその個性を反映させた、郊外への散策や余暇活動の環境作りに熱心だった。一方、アンドレ＝ル・ノートルの設計したヴェルサイユ宮の単調な通路や格式ばった花壇は、彼女にとって退屈そのものだった。しかしルイ15世による、厳格な美意識に基づいたフランス式庭園とは、自然の風景をも服従させることを意味していた。クロード・リシャールの息子アントワーヌ・リシャールは、フランスで最高の造園家として知られ、国王に雇われ、温室もそなえた立派な菜園で、花や野菜を育てていた。その一角には、貴重な外国産の植物や灌木も植えられていた。王妃はこの植物園にも科学的な取り組みにもまったく興味を示さず、その代わり、野生を夢みて、王室の温室での息苦しさから解放されたがっていた。パリ近郊モンソー地区シャルトル公爵の領地で、王妃は中国式庭園を見ていたので、この庭園は、イギリスの河川は東洋的な風景が盛り込まれた「イギリス式庭園」として名を馳せた。そして川と島、洞窟、露出した岩、神殿、塔、およびその他のエキゾチシズムによる「自然の起伏」に魅了されていた。

　王妃お抱えの造園家が、財務大臣の抵抗にもめげず（最初の区画だけで30万ルーブルの過剰な費用）、仕事に取り組み、1778年までにイギリス―中国式庭園は一応の完成をみた。王妃の個人的な趣向と流行が反映されたのは、ごく小さな区画だった。そこは、科学的な取り組みがなされていた以前の「植物園」とは対照的に、フランス、インド、カリブ海、アフリカから取り寄せた植物が繁茂していた。オランダのチューリップ、北米のモクレン、湖、川、山と洞窟、空想的な廃墟、ギリシア神殿、東洋的景観、オランダ風車などが配置された。リシャール・ミック率いる造園家チームは、何もない場所から人工的な自然

という奇跡を生み出した。マルリー川の流れに生じる「天然の」泡は、2000 フィートにおよぶパイプで送り込まれ、見晴台と岩場には、人工の苔で覆われた恋人達の洞窟が隠されている。人工湖の岸辺を小波が洗い、滝や小さな丸木橋もかけられていた。

　王妃は、毎年のように愛するトリアノン宮の「自然」を装飾する新しい方法を思いついた。2 本のしだれ柳の木陰に囲まれた愛の神殿は、ヤマリンゴ、白い「雪球」のバラ、ライラックが植えられた中央の島に建てられた。洞窟は 7 つ、マツ、ヒノキ、カラマツで覆われている岩を削って作られた。恋人達の隠れ家は情事のために用意され、苔が快適さをもたらしていた。カップルは外から見られることなく逢い引きをし、万が一の時には庭園の反対側の小さな階段から逃げ去ることもできた。マリー・アントワネットは、劇場もここに作った。1782 年に完成した岩山の東屋ベルヴェデールは涼しい木陰の楽園で、簡素なロマネスク建築だった。

王の庭師

　王妃は、自然の歓喜を夢に描き、自ら「園芸の才能」があると主張していた。彼女の姉マリー・クリスティーネに宛てた 1770 年 6 月 13 日の手紙で、この若き皇女は「頻繁に叔母のヴィクトワールに会い、窓辺の花に水遣りをするのを習慣にしています」と書き送っている。
　花は、幼い時分に別れた母マリア・テレジアの面影を彷彿させた。「私は、母が摘みとってくれた花に接吻したものです。同じ花を、窓のすぐ下に置いています。単なるうわべだけの行為といわれるかもしれませんが、でもねえ、どうしても感傷的になってしまうのです」(姉マリー・クリスティーネに宛てた 1772 年 8 月 26 日の手紙)。マリー・アントワネットは、子供達にも園芸の楽しみを教えていた。トゥーゼル夫

人に宛てた1789年7月の手紙では、夫人の4歳になる息子のために「彼の健康には、戸外で十分に活動することが大切で、それには遠くへ散歩にでかけるよりも、テラスで土いじりをさせる方がましです。幼い子供は、走り回ったり、戸外で遊ぶのが、ただ歩くよりもずっと健康的なのです。無理な歩行は背骨を曲げてしまいます」と記している。また、ランバル公妃に宛てた直筆の手紙で、「王子からあなたに、花壇に植栽してくれるように何度も頼まれています」と書いている。

　王妃は、園芸に新しい流行を取り入れ、フランス王宮の女性達も、それを熱心に真似た。

　　　若い女性陣は、美しい王妃から新領地でご説明を受けて以来、嘘ではなく、ご存じのように普段はおとなしい貴方の伯母や伯父とで毎晩のように議論しています。つきない議論のテーマは、私どもの貧相な公園についてです。ご記憶かと思いますが過去にル・ノートルが設計し、貴方の祖母が小ヴェルサイユと呼んだ場所です。貴方の祖母は16歳で結婚して、80代で亡くなられるまでの長い生涯を、領地の中心にある別荘で過ごしていました。刺繍、わずかな読書、たくさんの会話、毎晩のゲーム……それが彼女の楽しみでした。めったに外出せず、屋敷の南側にある古い避難階段から延びる花壇で花を集めて歩くのがお好きでした。私どもが愛した、古い植物の種はその場所で40年も繁茂しています。ニオイアラセイトウ、カーネーション、スペインジャスミン、モクセイソウなどです。亡き王妃は、ヘリオトロープがお好きでしたので、貴方の祖母はその箱を持っていて、その萎びた手で自ら水まきもしていました。1734年には、ヴェルサイユで一日に12回も行っていたことを覚えています。私は、

彼女が生涯を通して、庭師と長々と話していた記憶などありません。彼女は、石灰石の小道をお歩きになってもほんの数歩でお疲れになっていました。小さな赤い踵(かかと)の繻子のサンダルが、歩行を妨げていたのです。

しかし貴方の姪がたは異なった行動をお取りになる。おひとりは乗馬を習われ、広い草原で英国風に馬を疾走させることをお望みです。別のおひとりは、オランダ風の酪農場を建て、自ら乳搾りをすると仰っています。3番目の方は、花との関係をご存じで、温室で作家アベ・レーナルのインド史や、サン・ピエール氏のフランス旅行に登場する植物の栽培を試みています。最近では彼女らを見かけることもなく、庭師や彼女好みの植物の関係で忙しいのでしょう。彼女らは、花壇のひとつを入れ替え、イギリス式庭園を作って小トリアノンと呼びたいのでしょう。貴方の伯父はこの考えに反対で、宮廷の老人達や取巻きからの支持を得ています。種々の騒ぎがあります。貴方の若き王妃に対する不平、不満もあるでしょうが、おそらくは、その子供じみた行動に起因しています。私としては、ジュネーブのルソー氏の思想が問題だと思っています。彼の著作はすべての若者に読まれ、自立への渇望と変革を鼓舞しているからです[2]。

王妃は、すべての提案について是非の判断をし、新しいトリアノン庭園造設の管理に没頭していた。トリアノンは、彼女の独自性と深い内面を反映するものであった。侍従のボヌフォワが庭師のチームを監督し、花壇に枯れた花一輪が落ちていることさえ許さず、すべてが夢

---

[2] 地方の聖職者からの手紙。quoted in Comtesse Marie Célestine Amélie de Ségur Armaillé, Marie-Thérèse et Marie-Antoinette (Paris: Didier, 1870).

のような完璧さを誇っていた。美しく整えられた林と、風にそよぐ花壇が、この地上に人工楽園をもたらしていた。ここでマリー・アントワネットは、「人間」であることを改めて実感し、眼をこらしながら、細く器用な指先で花束を作り、倒れた植物には注意深く支柱を立てたりした。彼女の庭師ブートルーに宛てた手紙にあるように、彼女の熟練した眼は何事も見逃さなかった。「明後日、1時にヴェルサイユに参ります。カンパン氏からボヌフォワ氏に伝えたように、すべての庭師を集めて、ジュシュー氏が選択した木々の配置を決定しなければなりません。軽い飲物をジュシュー氏に用意すること、彼は私の前で、レバノン杉に水やりをするはずです」[3]

トリアノンにおけるパロイ伯爵の個人的な記憶では、

夕食後、王妃はポリニャック公爵夫人の部屋、正確には息子である皇子の部屋（公爵夫人は彼の家庭教師）に出向きます。ある日、彼女は、トリアノンの広場で描いた小さな水彩画をもとめました。彼女は、その絵を卓上の絵具箱に残して、ランバル公妃やヴィオメニル男爵と、バックギャモンに興じられました。この隙に、私は、絵具箱をポリニャック公爵夫人の書斎に持ち込み、そこで、急いである小さな光景を書き込みました。数日前、王妃は夕食後にトリアノンの庭園を散策され、彼女が委託している工事を視察されました。彼女は、荷押し車で芝生を運んでいる少年庭師の傍に立ち、それを彼女の庭園まで運びたいと申し出て、その若い人夫の手から、荷押し

---

3) Adolphe Mathurin de Lescure, La Vraie Marie-Antoinette (Paris: Dupray de la Mahérie, 1863), pp. 85 and 86. M. Desjardins questions the authenticity of these letters. Lescure received them from a descendant of Bonnefoy du Plan.

車を受取って、押しはじめました。彼女は地面に傾斜
　　があること知りませんでしたので、荷押し車は予想以上
　　の速度で彼女を引っ張りましたが、彼女はなすがままに、
　　大きな声で笑っていました。

　明らかに王妃は、稀少でエキゾチックな植物種に興味があり、花言葉についても勉強していた。ボヌフォワは、愛情を込めて王妃の好きなスミレの花壇を世話した。もうひとつ夢中になっていたのはバラである。春には、オレンジの温室から植栽鉢が運び出され、マリー・アントワネットが自らデザインした図面にそい配置された。稀少な植物は巨費を投じて輸入されていたが、それがさらなる反感を掻きたてた。ツバキ、日本エンジュ、ハナズオウ、ペルシアハシドイ、レバノン杉、キングサリ、外国産のオーク、そしてヴァージニアチューリップの木までもが持ち込まれた。ヴァージニアチューリップの木は、アメリカ原住民によって発見され、大型帆船で海を渡ってきたと伝えられていた。すべてが、王妃の植物収集のためであり、花屋のブーヘルムとシュネーヴォイクトは、造園家リシャールに「15日前にご注文の品、すべてを入れた箱を発送しました。同封した請求書には600ルーブルとありますが、可能であれば請求書を返送いただき、合計1500ルーブルの請求書をお送りしたく……」と送っている[4]。

　　　リシャール氏が、彼の好みと才能を生かして各種の巨木
　　を植栽しているのは、素晴らしいことです。私が読んだ、
　　敬愛するベッソン氏のノートに記載されているとおり
　　に、木々がアルプスの斜面から森林限界に至るまで、リ
　　シャール氏は、実地を踏んで、木々の自然での状態を報
　　告してくれます。木々の多くは、マツ、カラマツ、トウヒ、

---

[4] Archives Nationales Officielles, 1877.

ハイマツなどで、小型のバラ、ハンノキと見間違うアルプスのネズなどです。リシャール氏は、曲線状の道の両側に、可能な限り多彩な木々を植栽する計画です[5]。

ロシアの旅行家ニコライ・カラムジンが、トリアノンの庭園を訪れる機会を得て、魅力的な林、イギリス式花壇などが、上品で上流社会のための質素な場所に囲まれている状況を、生き生きと描写している。

そこでは王妃としてではなく、美しいマリーが親切な女主人として、友人達を楽しませていました。ここの細長い部屋は、ぶ厚い緑樹によって外界からさえぎられ、素晴らしい夕食会、音楽会、舞踏会が行われました。ソファや椅子は、マリー・アントワネット手作りの掛け布で飾られ、彼女によって刺繍された薔薇は、本物よりも美しく見えたほどです[6]。

ハムレット：王妃の理想郷

王妃は幻の世界に逃げ場を求めていたが、実際にも、ヴェルサイユ宮で彼女をうんざりさせていたすべてを払いのけ、魅力的な空想世界を再現することに成功していた。気難しい長老の廷臣、重荷である王室儀礼、人間味のない、冷たい前世紀の装飾などである。トリアノンでは自身が選んだ友人を大切にして、その優雅さに裏付けられた雰囲気をかもし、自然で気の利いたユーモア、洗練、無邪気さを漂わせていた。やがて王妃は、より現実的な夢の世界を探すようになっていった。オーストリアから到着した時に見て、素敵だと感じた「フランス

---

5) Memoirs of the duc de Croy, quoted by Nolhac in Les Consignes de Marie-Antoinette au Petit Trianon.
6) Karamzin, Letters of a Russian Traveller, p. 347.

風の村落」を作る計画を練りはじめたのである。「都会の人々は陽気で洗練されていますが、村の住人は、本当に人を愛する術(すべ)を知っています」と記している[7]。「王妃の村里」として知られるこのトリアノンの村は、クルミ、桜、スモモ、梨、モモ、アプリコットなどの木々に囲まれ、池、伝統的な丸木小屋、風車小屋などが配置され、小さな菜園もあった。「王妃の村里」にはそこで暮らす住人もおり、絵に描いたようなシミひとつない身だしなみの羊飼い、良い匂いがする羊と雌牛、3羽の雄鶏とハーレムを形成する68羽の雌鳥などが王妃承認のもとで、湖、庭園、周囲の地域を含む「王妃の村落」という完全な縮尺模型に盛り込まれていた。

　田園趣味は流行の絶頂にあった。王妃は、田舎風の要素をすべて盛り込んで、農村生活の雰囲気を再現しようとした。建設は1783年にはじまり、宮廷建築家リシャール・ミックの監督のもと5年間かかった。水路を延ばすためマルリー川から水を引き、大きな池を作って、建物の中心に配置した。農場、風車小屋、納屋、王妃の家と私室、管理者の茅葺小屋、塔、酪農場、鳩小屋、鶏小屋が組み合わさっていた。精密画法により、壁の割れ目、木造骨組み、苔に覆われた梁(はり)などが再現された。王妃は気性の穏やかな動物として、ブルネットとブランシェットと名付けた2頭の雌牛、家鴨、スイス産の雄羊を飼うことを望んだ。家屋の正面はスイカズラ、ツルバラ、アメリカツタで覆われ、王妃は素朴な白のシミーズ姿で、苺やサクランボを収穫し、穀物を挽き、自分の敷布を洗濯し、雌牛の乳を搾っていた。王室からの訪問者があるときには、牛は良く洗われてブラシを掛けられた。彼女は、自身で作った牛乳をセーヴル焼の磁気製カップで飲み、手綱の端をもって羊を散歩させていた。「王妃の村落」は素朴と洗練が奇妙に融合し、ごく

---

[7] After Rousseau.

親しい友人と家族にしか公開されていなかった。そのなかには、マリー・アントワネットの兄である神聖ローマ皇帝のヨーゼフ2世、カテリーヌ2世の息子ポール1世、スウェーデン国王グスタフ3世らがお忍びで訪問していた。

作り物の素朴さと人工湖だからといって、「王妃の村落」は誰もだましてはいませんと、マリー・アントワネットからドイツ王女シャルロッテとヘッセン・ダルムシュタットのルイーゼに1780年5月に書いた招待状には、田舎の仕掛けの限界が記されている。「もしも、すぐに私の庭園にお越しいただけるなら、天候は快適です。喜んで庭園をご案内し、王室の兄弟とフレデリックをご紹介します……天候は夜よりも朝の方が良好です。昼間にこられるならば昼食を準備しましょう。私は一人ですので、正装ではなく、カジュアルな服装で、男性は燕尾服でお越し下さい」

トリアノンにおける素朴さと自由

ルイ16世は、トリアノンですごす家族との時間に満足していた。そこではマリー・アントワネットが王妃ではなく、母としての役割を果たしていた。国王は、日中そこで過ごす時間を楽しみ、「厚い青い線のある平織りの帆布と小割板の日除けが付いた」テント下のベンチで読書をしていた[8]。トリアノンでの王妃は宮廷での正装を脱ぎ捨て、新しい軽快なファッションを取り入れていた。トリアノンでの服装は、単純かつ素朴で、絶対君主制を表現する硬直化した儀式用のパニエや、貴族階級内の上下を表す服装とはまるで対照的な姿であった。王妃は、村落、塔、風車小屋に「朝用のガウン」で出かけることもあり、長く白いサラサ、綿布、あるいはゴールと呼ばれる軽量綿布の服を、ウエ

---

8) Quoted in Desjardins, Le Petit Trianon, histoire et description, p. 265.

ストで幅の広い絹の飾帯で結んでいた。それはまるで、フランスの植民地に移住した人々や、当時のボルドー地方のファッションに似ていた。マリー・アントワネットは園芸作業中にも同様の衣装を選び、柔らかいコルセットは、自由な動きを可能にしていた。こうした衣服に関する革新は、すべての人に理解されていたわけではなかった。王妃が使用人のような服装をしているという噂が流れ、リヨンの絹商人は、意図的に彼らを破産させようとしていると告発するほどであった。精巧な羽飾りや真珠の装飾は、トリアノンではまったく出番がなく、王妃は鍔広の麦藁帽子を堂々とかぶり、「眉の上二指分に切った」髪を解き放ち、子供のように首に巻きつけていた。正式な宮廷のかつらもかぶらずにいた。

　ゴンクール兄弟による『マリー・アントワネットの生涯』（1878）には、トリアノン、最新ファッションの最後の言葉で、ここの田園生活が生き生きと描写されている。

> 王妃は、綿布のガウンに、ガーゼのネッカチーフと麦藁帽子をつけて庭園を飛び回っています。農場から酪農場へと客を連れて、牛乳を飲ませたり、卵を食べさせます。木陰で読書をしている国王を、芝生の上でのお茶と食事に誘っています。彼女は乳搾りをしている牛や、湖の魚を眺めながら、芝生に座って刺繍やタペストリーの制作に励み、田舎で行うような糸巻棒から羊毛をすいて紡いでいく。このような戯（たわむ）れがマリー・アントワネットの喜びなのでしょう。田舎娘の役を演じる、純粋な喜びと錯覚が、ここでの気軽な戯れなのです。王妃にとっての愛らしいこの領地で……「花々、風景、そしてヴァトーの絵」以外になにを求めましょうか。

花の世界：最後の逃避

　マリー・アントワネットにとって、小トリアノンと「村里」は、ヴェルサイユ宮廷での礼儀作法、儀式などの重苦しい雰囲気から逃れる魅惑的な場所だった。しかしやがて派手で軽率だと広く糾弾され、王妃は大衆の意見に平常心を失う。「彼女はもうすでに王妃などではない、ただのお洒落な女だ」という悪意ある非難に晒されたからである。確かに、女性として彼女なりのやり方で、母である大公マリア・テレジアから受けた「フランスの王妃は、一国の気風を方向付けなくてはならない」という教えに従おうとした。しかしマリー・アントワネットはわずか18歳でフランス王妃となり、母親になったのは23歳の時だった。結婚後8年間、不妊症を疑う宮廷内の悪意あるゴシップに晒され、安らぎを覚えるのは、野生の草地や人工の洞窟に囲まれた小トリアノンであり、この隠れ家で寝椅子にもたれている時だった。

　しかしある日突然に、彼女はヴェルサイユ宮に戻ることを強制され、暴徒と化した民衆に直面することになる。

　運命の日──1789年10月5日のことである。

　マリー・アントワネットの愛した花々は、監獄にも持ち込まれた。1867年に書かれたフランスのジャーナリストで作家のアルフォンス・カールの手記では、

> 「王妃マリー・アントワネットはとても花を愛していて、おそらく、彼女の人生における最後の喜びをもたらした感情も、花々のおかげだったでしょう。監獄の管理人で、勇敢で強い心のリシャール夫人は、囚人となりカペー夫人と呼ばれるようになった元王妃に、贅沢で美しい贈り物をしました。毎日、リシャール夫人は大きな危険を冒

　　　　して、カーネーション、チュベローズ、元王妃が愛したハナダイコンの花束を差し入れて、その結果、リシャール夫人は糾弾され、投獄されてしまったのです」

　1793年10月16日、王妃の最後の言葉「ごめんなさい。わざとではありませんのよ」は、死刑執行人シャルル・アンリ・サンソンに向けてかけられた。彼女はサンソンの足を踏んで、その小さな紫色のスリッパの片方をなくしてしまった。彼女は、断頭台への階段を、頭を高く上げて、威厳を示しながら登った。シュテファン・ツヴァイクは、異常な運命に見舞われた彼女について、平均的な普通の女性で、最後の瞬間まで善良だったと見なしている。王妃は1793年10月16日に死んだわけではない。彼女の亡霊はそれから何世紀ものあいだ出没し続け、彼女の明暗を伴う矛盾した性格、その弱さと強靭さ、高い理想、生存に対する粘り強い本能から、マリー・アントワネットにはきわめて現代的女性のイメージが重ねられている。軽率な浪費家だったのか？　あるいは、最後まで自由な女性だったのか？　王妃の最後の数ヵ月の生活は謎に覆われたままで、「カーネション脱出計画」と一般に呼ばれる事件の真相は不明であり、解明されることは無いだろう。コンシェルジュリーの監獄に届けられたカーネーションの花びらに隠された、共謀者からの無謀な逃亡計画に関する秘密の伝言。ピンで留められた、彼女の返信「貴方を信じます。私は行きます」は、彼女が愛した花に秘めた、最後のメッセージとなった。

注：本書には、資料に残されていた古い民間療法などの記述が含まれております。
　　独自の判断で使用した場合のトラブルは、弊社および翻訳者は、一切の責任を負いかねます。
注：植物名は基本的にカタカナで表記していますが、芸術の象徴として記述や、過去の文献などでは、
　　一部、漢字を使用しています。

植物一覧

頁	名称	英名	学名
フランス式庭園			
p35	セイヨウシデ	Common hornbeam	*Carpinus betulus*
p36	アイリス	Iris	*Iris* spp.
p41	ラークスパー（ヒエンソウ）	Rocket larkspur	*Consolida ajacis*, syn. *Delphinium ajacis*
p42	ヨウラクユリ	Crown imperial	*Fritillaria imperialis*
p44	オリーブ	Olive	*Olea europaea*
p46	チュベローズ	Tuberose	*Polianthes tuberosa*
p48	ヒヤシンス	Common hyacinth	*Hyacinthus orientalis*
p51	ツゲ	Common box	*Buxus sempervirens*
p53	オレンジ	Orange	*Citrus sinensis*
p55	カーネーション	Carnation	*Dianthus* spp.
p59	アスター	China aster	*Callistephus chinensis*, syn. *Aster chinensis*
p60	アネモネ	Poppy anemone	*Anemone coronaria*
p62	ニワシロユリ	Madonna lily	*Lilium candidum*, syn. *L. album*
p67	キク	Chrysanthemum	*Chrysanthemum* spp.
p68	スイセン	Narcissus	*Narcissus* spp.
ベルヴェデール（展望台）			
p77	カエデ	Field maple	*Acer campestre*
p78	イチイ	Yew	*Taxus baccata*
p81	ギンバイカ	Myrtle	*Myrtus communis*
p82	ジャスミン	Jasmine	*Jasminum* spp.

p86	レダマ	Spanish broom	*Spartium junceum*, syn. *Genista juncea*
p88	ブドウ	Common grape vine	*Vitis vinifera*
p90	ヨウシュジンチョウゲ	Mezereon	*Daphne mezereum*
p93	ピラカンサ	Firethorn	*Pyracantha coccinea*
p95	ニシキギ	Spindle	*Euonymus europaeus, E. latifolius, E. americanus*
p96	クロウメモドキ	Italian buckthorn	*Rhamnus alaternus*
p99	オダマキ	Common columbine, or Granny's bonnet	*Aquilegia vulgaris*
p100	セイヨウヒイラギ	Holly	*Ilex aquifolium*

イギリス式庭園

p107	レバノンスギ	Cedar of Lebanon	*Cedrus libani*
p110	サイカチ	Gleditsia	*Gleditsia* spp.
p113	トチ	Horse chestnut	*Aesculus hippocastanum*
p115	アセビ	Maryland Andromeda	*Neopieris mariana*, syn. *Andromeda mariana*
p116	ウルシ	Staghorn sumac	*Rhus typhina*
p118	ボウコウマメ	Bladder senna	*Colutea* spp.
p120	キササゲ (アメリカキササゲ)	Catalpa, or Indian bean tree	*Catalpa bignonioides* and *C. ovata*
p123	エゴノキ	Styrax	*Styrax officinalis*
p124	マハレブサクラ	St. Lucie cherry	*Prunus mahaleb*, syn. *Cerasus mahaleb*
p126	セイヨウハナズオウ	Judas tree	*Cercis siliquastrum*
p128	タイサンボク	Southern magnolia	*Magnolia grandiflora*
p131	スミレ	Wood violet	*Viola odorata*
p133	サンザシ	English hawthorn	*Crataegus laevigata*, syn. *C. oxyacantha*

p134	エンジュ	Pagoda tree	*Styphnolobium japonicum*, syn. *Sophora japonica*
p136	日本ツバキ	Japanese camellia	*Camellia japonica*
p138	ヤマボウシ	Common dogwood	*Cornus sanguinea*
p141	ホソバグミ	Silverberry, or Russian olive	*Elaeagnus angustifolia*
p142	ツツジ	Rhodora	*Rhododendron canadense*, syn. *Rhodora Canadensis*, syn. *Azalea canadense*

孤独の木立

p147	ベルヘザー	Bell heather	*Erica cinerea*
p148	スズラン	Lily-of-the-valley	*Convallaria majalis*
p153	アンゼリカ	Angelica	*Angelica sp.*
p154	オーク	Common oak	*Quercus robur*, syn. *Q. pedunculata*
p156	クログルミ	Black walnut	*Juglans nigra*
p159	オオアマナ	Star of Bethlehem, or Grass lily	*Ornithogalum umbellatum*
p161	ラムソン	Ramsons, or bear's garlic	*Allium ursinum*

王妃の村里

p167	ポプラ (セイヨウハコヤナギ)	Lombardy poplar	*Populus nigra 'Italica'*, syn. *P. pyramidalis*
p168	ニセアカシア	Black locust	*Robinia pseudoacacia*
p171	ヤナギ	Weeping willow	*Salix babylonica*
p173	ヤグルマソウ	Cornflower	*Centaurea cyanus*
p174	イチゴ	Strawberry	*Fragaria sp.*
p179	真正ラベンダー	Lavender	*Lavandula angustifolia*
p181	ニガヨモギ	Absinthe, or common wormwood	*Artemisia absinthium*, syn. *Absinthium vulgare*

p182	サクラ	Cherry	*Prunus cerasus*
p184	イチジク	Fig	*Ficus carica*
p187	ケシ（ポピー）	Poppy	*Papaver* spp.
p189	ジャガイモ	Potato	*Solanum tuberosum*
p191	スイカズラ	Honeysuckle	*Lonicera caprifolium*
p192	ユリノキ	Virginia tulip tree	*Liriodendron tulipifera*
p194	アンズ	Apricot	*Prunus armeniaca*
p196	ローレル（ゲッケイジュ）	Bay laurel	*Laurus nobilis*
p199	モモ	Peach	*Prunus persica*

愛の神殿

p204	ノイバラ	Dog rose	*Rosa canina, Rosa* spp.
p206	バラ	Cabbage rose	*Rosa × centifolia*
p213	ハナダイコン	Dame's rocket	*Hesperis matronalis*
p215	ニオイアラセイトウ	Wallflower	*Erysimum × cheiri, Matthiola incana, Malcomia maritima*
p216	カラマツ	Larch	*Larix decidua,* syn. *L. europaea*
p218	プラタナス	Plane tree	*Platanus orientalis, P. occidentalis, P. acerifolia*
p221	セイヨウシロヤナギ	White willow	*Salix alba*
p222	シナノキ	Lime, or linden	*Tilia sp.*
p225	カンボク	Guelder rose, or water elder	*Viburnum opulus*
p227	ヤマリンゴ	Paradise apple	*Malus pumila*
p229	ライラック	Lilac	*Syringa sp.*
p230	セイヨウバイカウツギ	Sweet mock-orange, or English dogwood	*Philadelphus coronarius*

小トリアノン宮
マリー・アントワネットの聖域

　さあ読者の皆さんも、マリー・アントワネットが大切にしていた隠れ家、小トリアノンを散策してみましょう。この植物誌から、フランス王妃が自ら行った、気どらない夢想、彼女の愛した庭園を散策する田舎での生活を楽しむことができ、オウバーキルヒ男爵夫人は、5月の好日に現地を訪れた際の様子を描写しています。

　ある朝早く、王妃の小トリアノンを訪れました。まあ、なんと魅力的な散策でしょう。芳香を放つライラックの低林や、ナイチンゲールの小鳥の群れは本当に愉快でした。天候は申し分なく、大気は香気を含み、蝶は春の日差しに羽を広げていました。生涯を通して、この隠れ家にいたときほど楽しい時間を過ごしたことはありません。実際に私が知っている王妃と、肖像画の王妃は、春と夏の大部分を小トリアノンで過ごされていました。庭園——特に王妃自ら設計したイギリス式庭園は見事で、不足している要素は何もなく、廃墟、曲がりくねった小道、広々とした水面、滝、山々、神殿、彫刻、すべてが庭園を変化に富み美しいものにしています。フランス式庭園はル・ノートルの設計で、ヴェルサイユの五葉様式です。そのはるか先には、可愛い小さな劇場があり、そこで王妃は、アルトワ伯爵や親しい友人と演劇を楽しんでいました[1]。

植物の写生を掲載する本書は、王妃の建築家リシャール・ミックの設計に基づいて分類されている（左ページ参照）。
1. フランス式庭園　　　2. ベルヴェデール（展望台）
3. イギリス式庭園　　　4. 孤独の木立
5. 王妃の村里　　　　　6. 愛の神殿

---

[1] Oberkirch, Mémoires sur la cour de Louis XVI, p. 202.

The French Garden

フランス式庭園

　ヴェルサイユの西に位置するフランス式庭園には、ル・ノートルが設計したヴェルサイユ庭園と同じく、遠近技法による幾何学的な模様と、花模様の植栽が施されている。見事な花壇を、カバやツゲの低い生垣が囲み、上品な格子状の柱廊と、木製の桶に植えられたオレンジフラワーの芳香が、色とりどりの花々を引き立たせる。ヒヤシンス、アネモネ、アヤメなどの球根・根茎系の植物が数多く植栽されている。

　マリー・アントワネットは、庭師のアントワーヌ・リシャールに、長女のマダム・ロワイヤルが自ら園芸することのできる小さな花壇づくりを依頼した。

「王宮から庭園までは屋根つきの階段がある。このフランス式庭園は4本のコリント様式の柱で飾られた中庭からはじまる。庭園は1750年にイタリア庭園を補完する目的で計画された。大トリアノンとは、布で覆われた2つの鉄格子門で隔てられている。フランス式庭園側は、首に取っ手がついた青と白二色の壺に植えられた花々の列がずらりと並んでいる。大広間の一面には春の愛の情景が描かれ、室内装飾と図柄は、ランクレの仮面を使った即興劇『コメディア デラルテ commedia dell'arte』からのものである。透かし細工の建築は、17世紀の様式をよく踏襲し、周囲の緑樹と調和している。透かし彫りの仕切りからは、空や花々を一瞥でき、柔らかなそよ風と静かな情景が通り過ぎていく。新しい空地(Salle des Fraîcheurs)と呼ぶところには、2つのポーチとトレリス、そして36のアーチがあり、それぞれがオレンジの木を覆い、柱は球形のライムの木で囲まれていた」

エドモン&ジュール・ド・ゴンクール兄弟著
『マリー・アントワネットの生涯』(1858)より

左図:次男、ノルマンディー公爵(後のルイ17世)の手を引くマリー・アントワネット、長女と末娘を伴った散歩(ルイ・ニコラ・ド・レスピナス、1734-1808、画)

フランス式庭園

セイヨウシデ

Carpinus betulus

ヴェルサイユの庭園風景で、セイヨウシデの生垣の高さ、密度、均一性に優るものはない（Pierre-Joseph Buchoz, 1770）

　セイヨウシデは、フランス式庭園に欠かせない、緑樹の集中植樹や柵には特に優れた植物である。1764年のフランスの農学者アントワーヌ・ニコラ・デュシェーヌによる記述では、

> 自然環境のもとでは価値のない樹木ではあるが、いったん庭師の手にかかると、素晴らしい装飾性を庭園で示す柵（本来の名前 charmilles に由来）となる。

　ヴェルサイユのセイヨウシデの生垣は、一年に二度刈り込まれている。この木は、天然の木を移植するのではなく、普通は種から育てていく。実生の苗は、並木道、遊歩道、アーチ、コロネード（列柱）、王妃が愛した質素な「私室」などに移植するまでは、苗床で育てられる。セイヨウシデの生垣がもたらす日陰は、オレンジなどの植物を直射日光から守っている。この木の利点は、最初に芽吹いて、葉をつけ、秋には落葉するのがいちばん遅い。セイヨウシデには、葉が斑入りの種類も栽培されている。

　セイヨウシデ（仏語で charme）は、その名が暗示するように、誘惑の象徴である。セイヨウシデの枝を贈ることは、相手に対し明白な欲求と、昔ながらの返答を期待するものである。

　セイヨウシデは、伝統的に咽頭炎に用いられ、葉の煎剤は、馬の生傷を癒やすといわれた。

　密度の高い、堅い木部は、耐久性のある丈夫な素材として、集積材や槌、梶棒に用いられる。

　カバノキ科（birch）で、セイヨウシデは北半球の温帯林で生育し、樹高が20mを超えることは希である。いぼ状の幹が特徴的で、その葉はブナに類似しているものの、ブナの葉の表面が柔らかい毛で覆われているのに対して、セイヨウシデの葉にはギザギザがある。

フランス式庭園

アイリス

Iris spp.

ペルシアアイリスはトリアノンで特に人気の高い植物で、
ヒヤシンスと同様に、赤、純白、青、黄、白磁、瑪瑙など、
花の色で分類されている

　ペルシア アイリス *Iris persica* は、フランス式庭園の花壇で２月頃から輝きを放つ。ヒゲのあるジャーマン アイリス *I. germanica* も、トリアノンの庭園で生育すが、特に「農村」の草ふき屋根で花が咲く。ジャーマン種は、ペルシア種に代わって４月からフランス式庭園の花壇を彩りはじめる。美しい切り花用に栽培されるジャーマン種は、独特の火炎様の花弁の形から、フランスではフランベ Flambe という。

　アントワーヌ・ニコラ・デュシェーヌは著書『Manuel de botanique contenant les propriétés des plantes qu'on trouve à la campagne, aux environs de Paris, パリ周辺の田園に見られる植物の性質に関する植物学便覧』(1764) の中で、次のように述べている。

Flambe：田舎の人々は、土手の上を飾るのに用い、ちょうどシダ類のように土手の保護に役立てた。花の搾り汁は、ある種のアルカリを加えることで青から緑に変色し、水性塗料やグワッシュ塗料になり、vert d'iris（アイリスグリーン）と呼ばれる。根茎は調香師が、パウダーシプレの代用品として用いるし、洗濯婦は種子の鞘を、敷布に香りづけするために洗濯に加える。

　黄色のカキツバタ（*I. Pseudacorus*）は、フランスで黄ショウブとして、「王妃の村里」の中心に位置するトリアノン湖の縁に沿って生育している。

　ギリシア神話では、ヒヤシンスと同じく、アイリスはオリンピアの神々の使者であった。海の神タウマースとエレクトラの娘イーリス。その輝く翼は、彼女が起きていると虹が現れた（iris はギリシア語で虹をも意味する）。イーリスは女神ヘーラーの忠実な部下で、ヘーラーのために芳香浴を用意するので、香水の神とみなされている。

　アイリスは、メロヴィング朝クローヴィスの時代から、フランス王のシンボルになっていた。クローヴィスが西ゴート族に挑んだヴイエの戦い（507年）の前夜、川沿いにいて、カキツバタが咲くヴィエンヌ川を渡る際に王は立ち止まり、一輪を摘ん

Iris Persica   *Iris de Perse*

で再び前進した。戦いの勝利後、王はアイリスの花を自らのシンボルとした。ここにジャーマン アイリスを様式化したアイリス形の紋章が誕生したのである。

　花言葉は、気まぐれ、優雅な心、愛の確信。

　アイリスには多くの薬効があり、胃痛と咳の治療に用いられた。フランク王国のカール大帝は、修道院の庭にアラブ薬局方掲載の種々のアイリスの植栽を推奨した。

　珍しいフィレンツェ アイリス（*I. germanica* var. *florentina*）は、香水製造に用いられている。根茎は、特有の柔らかでパウダリーなノートを示し、アイリスのエッセンスと粉は、17世紀の貴婦人に香水として利用されていた。根茎は加工されて香料になると、スミレに似た持続性のある重くウッディーなノートの芳香がある。

　イロンは、アイリスの根茎から抽出される無色のオイルで、香水の製造では最高級の貴重な原料で高価であった。約2キロの精油を作るのに2トンの根茎が必要になる。マリー・アントワネットの調香師ジャン・ルイ・ファージョンは、その論文「L' Art du parfumeu　香水の芸術」で、「この植物を多く用いると、香水にスミレの香りを付加する」と記している。スミレは、マリー・アントワネットが特に愛した香り。

　最初のオードンジュ（呼び水）は、16世紀のイタリアで作られた。17世紀の香水製造マニュアル（the Parfumeur royal）によると、オードンジュはルイ14世の時代、扇子、手袋、衣服などの香りづけに用いられていた。安息香、蘇合香、ナツメグ、シナモン樹皮、プロヴァンス地方ガリカローズの花弁、微量のアンバーグリスなどとともに、近代香水の基本的成分のひとつだった。香水の処方は、調香師によって独自のタッチが加えられるが、ジャン・ルイ・ファージョンは、85グラムのフィレンツェアイリスの根を、蘇合香、安息香、ローズウッド、サンダルウッド、菖蒲やアンバーグリスに加えた。

　オウバーキルヒ男爵夫人は、宮廷でのマリー・アントワネットの常連客だったが、回想の中で「御婦人方は、アイリスパウダーを毛髪にまとっていた。パウダーには、髪を生き生きとさせる効果があったから。明らかに、ブロンドと赤毛を調和させる目的で、美を追い求める信奉者や、崇拝者が生まれた」と語っている。

　アイリスは、根茎（地下の発芽根）や球根から生育する。ペルシア アイリスは、イランの山間部や高原台地の原産。この球根は2月以降の非常に早い季節に開花し、良い香りを放つ1～2個の花を、短い茎に咲かせる。栽培は容易でイングリッシュ アイリス、ダッチ アイリスの原種。ジャーマン アイリスはおそらく交配種で、多くの品種と色がある。

Iris Germanica *Iris Germanique*

Pied Dallouette

フランス式庭園

ラークスパー（ヒエンソウ）

Consolida ajacis, syn. *Delphinium ajacis*

18世紀、青のヒエンソウは花束によく用いられた。
マリー・アントワネットのイメージとしても、たびたび登場している

エリザベット＝ルイーズ・ヴィジェ＝ルブランが描いた王妃の肖像画2点には、薔薇、白百合、水仙の花束にラークスパーの小枝が描かれている。1778年作の等身大の肖像画（p.2）で、宮廷のマリー・アントワネットはパニエを着けて盛装し、サテンのドレスに一輪の薔薇を持っている。

ヴェルサイユ宮殿の王妃の寝室にも描かれ、寝台頭部のパネルやカーテンには、ラークスパー、白百合、薔薇が描かれた。

ピエール＝ジョセフ・ビュショが1770年に記した論文には、次の記述と、仏語表記による愛らしい花の別名が記載されている。「Delphinette、Pied d'Alouette（ヒバリの足）、Eperon de Chevalier（騎士の拍車）、Herbe Sainte Othilie（聖オッティーリエ草）、Consoude royale（ロイヤルコンフリー）……八重咲きのデルフィニュームは花壇の花として喜ばれる」

フランス名の delphinette は、ラテン語の delphin（イルカの意味で、仏語では dauphin）に由来し、蕾の特徴的な形に関連している。イルカはフランス王の後継者の印でもある。

英雄アイアースについてのギリシア神話の記述では、この勇者が一般的なヒヤシンスではなく、デルフィニュームに変身する部分がある。したがってこの植物のラテン名 *Delphinium ajacis* は「アイアースのデルフィニューム」の意味である。

ラークスパーには薬効、収斂作用があると考えられていた。花の蒸留水は点眼剤の溶剤に用いられ、ローズウォーターで煎出したラークスパーの花は、パップ剤として眼の炎症や結膜炎に用いられた。

ラークスパーには、腎臓結石の排出を促進する作用があると考えられ、その毒性のある種子は小麦粉に混ぜて、ゾウムシの虫除けに用いられた。

極東および地中海沿岸の原産、毎年5月に自然播種し、7～9月に開花する。青、赤紫、白などの花をつけ、八重咲きもある。石庭や装飾的な境栽に最適で、花束用の切り花は長持ちする。

フランス式庭園

ヨウラクユリ

Fritillaria imperialis

ルイ 16 世の妹でマリー・アントワネットの親友だった
マダム・エリザベットは、1794 年 5 月 10 日にギロチンで処刑された。
後日、革命軍はこの日をツマグロヒョウモン蝶の日として祝った

花を付ける球根は、18 世紀の装飾花壇や花束に多用されていた。この植物については、ジャック・ファビアン・ゴーティエ・ダゴティによる、『Collection des plantes usuelles, curieuses et étrangères　海外の一般・奇譚植物コレクション』(1767) に記述されている。

この植物はペルシア原産で、1570 年にコンスタンチノープルからフランスにもたらされた。トルコでは tufai と呼ばれている。多年生で、不快な臭いがある。水のやり過ぎに注意すれば、丈夫で庭園でよく育つ。4 月に開花し、7 月に実が熟す。年ごとに変化することがあり、2 本の茎を伸ばすことがあって、王冠を形成する花の数も変化する。葉で覆われた下向きの集合花を咲かせ、王冠形を形成することから、皇帝の冠という呼び名がある。

18 世紀の中頃まで、皮膚軟化作用があると考えられていた。根は消化剤として用いられた。1770 年、ビュショは「ウェプファーの観察に基づいて、その根は苦く、不快で、腐食性の毒である。その内服は薦められない」と記している。

キリスト教の言い伝えでは、キリスト受刑の朝に、この植物が花を落とさなかったことから、それを恥じて、永遠に頭を下げ続けていると考えられている。イランでは、花蜜を多量に分泌することから「涙を流す花」として知られている。

装飾性の高いこの植物は、ユリの仲間である。八重や斑入りの種もあるが、風媒による香りはない。花の色は黄から、種々のオレンジ色、そして深紅までさまざまである。フランスでの品種は限られているが、オランダや北欧では、より一般的な植物である。球根は、鼠やモグラ避けになると考えられている。

Fritillaria Imperialis   *Fritillaire Impériale*

フランス式庭園

オリーブ

Olea europaea

スペインオリーブとして知られ、多くの仏語一般名、地方名で呼ばれている——Aglandou、Calanne、Laurinne、Olivier Royal、Amelou、Cormeau、Ampolan、Moureau、Verdalle、Bouteilleau、Pigau、Salierne

「オリーブの木は温帯地域原産で、プロヴァンス、ランドック、イタリア、スペインなど多くの地域で生育する。多少の世話を施せば、好奇心の対象として、庭でも育てることができる」(Henri-Louis Duhamel du Monceau, 1755)。

極端な寒さや霜に敏感で、トリアノンでは木桶で栽培されているが、冬の訪れとともに温室に移動させる。南向きの場所と通給水を好み、根回りにマルチを施すことで枝を編んで整枝したり、灌木として育てることも可能である。

古代、オリーブの枝は神聖視され、後に自然に生育しない地域では、ツゲや月桂樹が代わりに植えられていた。古代ローマでのオリーブは帝国の象徴であり、皇帝、詩人、運動競技の勝利者の額を飾った。聖書では白鳩がノアの箱舟に最初に持ち帰ったのがオリーブの小枝であり、洪水終結のシンボルになっている。

トリアノンではオリーブの枝が「愛の神殿」の中央を装飾している。キューピッドが伝統的な構図で描かれる中で平和、敬意、名誉の象徴になっている。芸術と平和の神アテナは、アッティカの支配権をめぐって海の神ポセイドーンと争った。ギリシアの首都は、勝者の名前を永遠に冠することになった。アテナは実の付いたオリーブの木を育て、すべての神々からアッティカの支配神として認められ、アテネの町が誕生した。

オリーブ油は、その鎮静作用、浄化作用が注目されている。18世紀には、香膏剤、軟膏剤、パップ剤、リニメント剤など、皮膚や筋肉を弛緩し柔軟にする目的で用いられた。また、スウィートアーモンド油の代わりに、果実のシロップとともに鎮咳に用いられた。

地中海沿岸の原産で成長が遅く、栽培では樹高10mに達する。寿命が1000年を超える木もある。10年後から実をつけはじめ、葉の裏側は緑青色、ねじまがった幹には装飾性がある。急な降霜には注意が必要。

OLEA Europæa.   **OLIVIER** d'Europe.

A. *Olivier Caillet-rouge.*   B. *Olivier Caillet-blanc.*   C. *Olivier de deux Saisons.*

フランス式庭園

チュベローズ

Polianthes tuberosa

ローズ、バニラ、プルメリア、カーネーション、ジャスミン、そしてチュベローズの芳香軟膏をマリー・アントワネットは愛用した

ジャック・ファビアン・ゴーティエ・ダゴティは、著書『Collection des plantes usuelles, curieuses et étrangères　海外の一般・奇譚植物コレクション』(1767) で、この植物を次のように記述している。

チュベローズは小指ほどの太さの茎で0.9〜1.2mまで伸び、通常は庭園で栽培される。根が結節状 (tuberous) のためこの名前がついた。原産は東インドだが、欧州各地、特にパリで普通に見ることができる。マルセイユの花屋は、この花の取引専用に支店を開設し、大量の根を多くの国々に輸出した。

東インド諸国の原産と考えられているが、実際にはメキシコから到来し、18世紀初頭からフランスでも広く栽培されだした。マリー・アントワネットの調香師ジャン・ルイ・ファージョンはこの植物を積極的に研究し、長い茎を「荘厳に天空に延びる」と評している。肉厚で白いビロード様の花弁には弱い麻酔性があり、欲情的な芳香を発して不安を緩和し、性欲を刺激するという。ファージョンは、王妃のための香水には、ごく少量のチュベローズしか使用しなかったが、なぜなら、誘惑の必要がなかったからである。

植物界で最も刺激的かつ香り高い花は、思いがけぬ逸話もある。ルイ14世の愛妾ルイーズ・ド・ラ・ヴァリエールは、出産に際して元気が出ないのはチュベローズの匂いが強過ぎるからといったという。

この植物が商業的に栽培されている地域では、若い娘は、夜、恋人とチュベローズの畑を歩くことが禁じられている。熱情が過熱しないように！

> メキシコでは、コロンブスの到着以前からチュベローズが栽培されていた。いくつかの野生近縁種が知られているが、真正チュベローズは栽培種のみ。グラース地方の主産物で、切り花と香料用植物として栽培され、現代の多くの香水にも使用されている。花茎は1mにも及び、5〜9月にかけて、強く滑らかな芳香を発する白い花の群生地ができあがる。

Polianthes Tuberosa   *Polianthe Tubereuse*

フランス式庭園

ヒヤシンス

Hyacinthus orientalis

マリー・アントワネットにとってのヒヤシンスの香り──
葉様と樹液様の浮き立つ匂いがする東洋の花々は、春の先駆け

　王立公文書館の記録では、1784年にオランダのハールレムから、ヒヤシンスの球根が、「王妃陛下のため、トリアノンの王妃付き庭師リシャール氏が注文し、ブーヘルムとシュネーヴォイクトが発送、ヒヤシンスの球根1ケースおよびその他を陛下の庭園宛て」に配達された。

　オランダの園芸家は、新しいヒヤシンスの品種に王子や王女にちなんだ名前を付ける習慣があった。

　薬草学者で多作家でもあるピエール゠ジョセフ・ビュショは、王妃公認のヒヤシンスコレクションの描写集を出版しているが、そこには、1780年にハールレムで初めて開花した「Marie-Antoinette Reine de France フランス王妃マリー・アントワネット」も含まれている。この王妃のヒヤシンスは、フランス革命暦の7年（1798年）にトリアノンから排除された。

　コンスタンチノープルから1550年以降に持ち込まれたヒヤシンスは、ウィーンの植物学者シャルル・ド・レクリューズによって流行しはじめた。当初の品種は比較的花数が少なかったが、1680年までに、オランダの園芸家ピエタ・ブーヘルムによって花の数が二倍の品種が作り出された。

　ルイ14世は、大トリアノンの花壇用に、大量のヒヤシンスをオランダに発注した。

　18世紀には、ヒヤシンスは「チューリップ狂」と同じく大流行になり、多くの品種が誕生。小トリアノンの食堂は、ヒヤシンスを含む花の神話のパネルで飾られている。ギリシア神話では、神アポロンのお気に入りだった若いギリシア人ヒュアキントスがアポロンの投げた円盤を捕らえようとして、不慮の死を遂げた時に流れた血からヒヤシンスの花が咲いた、といわれる。

ヒヤシンスの園芸品種はすべて *H.orientalis* の栽培品種。露地栽培では、ヒヤシンスの花期は3月と4月だが、屋内では12～3月になる。強制肥育させたヒヤシンスの球根を広口瓶で鑑賞する方法は、18世紀にすでに広く行われていた。

HYACINTHUS XIII.

Charmante violette

BUXUS sempervirens *fruticosa*. BUIS sempervirens *arbrisseau*. page 81

J. P. Redouté del.

フランス式庭園

ツゲ

Buxus sempervirens

フランス式庭園のトピアリー（装飾的な刈り込み）に使われる典型的な
植物で、ピラミッド形、球形、円錐形など多くの形に整形され、
花壇の境界や、ノットガーデンの模様を形成する

　成長の遅いツゲは、生垣に永続的な雰囲気を醸し、その長命から古代は幸運に結びついていた。18世紀、スウェーデンの博物学者カール・フォン・リンネは、仏語でbuis benit、すなわち神聖ツゲとして知られる常緑ツゲについて一種のみ記載したが、その後の園芸家によって「gold」や「silver」と呼ばれる品種や、斑入り、矮小種などが栽培されるようになった。

　長くヴェルサイユ宮廷庭師の家柄であるアントワーヌ・リシャールは、当時の植物学者や科学者の尊敬を集めていた。パリ植物園でジュシューに学び、長く父クロード・リシャールの仕事を手伝い、広く旅をして、当時のフランスでは無名のバレアレスツゲ（*Buxus balearica*）を含む、多くの種を採集してきた。1774年から15年間マリー・アントワネットに仕え、王妃が最後には複雑すぎて優雅さに欠けると評したイギリス―中国式庭園を造園した。ツゲの花言葉のように、リシャールの座右の銘は「何ごとにも耐える」だった。

　古代ローマでは、ツゲはその特別に堅い木質と常緑性から、不死と忍耐のシンボルであった。キリスト教ではこのシンボルを採用し、復活祭直前の日曜日（Palm Sunday）に聖職者がツゲの枝を祝福する。祝福された枝は、希望と安定のシンボルとして、その後一年間の家族を保護すると考えられている。地方では昔からの迷信が残っていて、祝福を受けた枝は、家内を悪魔の霊から作物を嵐から保護するとも信じられている。ツゲ木部の煎剤は、発汗の促進と、性病治療に用いられた。ツゲは、彫刻芸術家や彫刻師の手によって、木管楽器や上質の櫛に加工される。

　この小ぶりで常緑の灌木は非常にゆっくりと成長し、特別な手入れは必要なく、どのような土壌、日照にも適応する。剪定に耐え、トピアリーに最適。斑入りや先端が黄色の品種も存在する。*Buxus sempervirens*「亜低木」（左図）は葉が密集することから有用。

Pl. 65. Oranger. Citrus Aurantium L.
Famille des Rutacées Aurantiées.

フランス式庭園

オレンジ

Citrus sinensis

「オレンジの木は、トリアノンの喜び。香りがする果実は王妃のために
保管され、木を監視するために昼夜を問わず、庭師一家は苦労を重ねた。
ヘスペリデスの園を守った姉妹のように、
7月10日〜8月10日の開花時期には、常に監視を続けた」[1]

ギュスターブ・デジャルダンは、マリー・アントワネットが毎年、オレンジの花を、国王、叔母達、家政婦長、女官長、主な部屋付き女中、宮殿の事務長、その他のスタッフに配ったと伝えている。

オレンジの木は、トリアノンで最良の場所に植わっている。新しい空地（Salle des Fraîcheurs）のアーチの下、水面を取り囲む四角庭園、保護栽培園の周囲、花壇の内側、地面に埋められた鉄製桶などに。

春になると、保護栽培園から桶が運び出され、王妃による新しい飾り付けのテーマに従って再構成され、秋になるまで戸外に置かれた。ジェノヴァ、ニース、プロヴァンスなどから「よく成長した接ぎ木」が成熟した状態で購入されていた。

オレンジの花は、香水製造と調味に広く用いられた。フランスでかつて aqua naphae と呼ばれていた蒸留水は、皮膚からの吸収がよく、快い香りを放ち、多くの疾患治療に有効、と有名であった。

王妃は、悪意に満ちた噂話や批判に対して、神経の鎮静にオレンジフラワーウォーターをよく用いていた。筆頭侍女カンパン夫人はその記憶を回想している。

> ある朝トリアノンに行き、王妃の寝室に入ると、彼女は横たわりベッドの上には手紙が散乱していた。あふれる涙ですすり泣きながら、嘆いていた。「ああ、死にたい……何て邪悪な、怪物が！……私が彼らに何をしたというの？」私は、彼女にオレンジフラワーウォーターを差し上げましたが、それでも「ひとりにして」「本当に私を愛しているなら、私を死なせて」と。

インド、中国、ビルマ原産の形のよいこの木は、中国では3世紀から栽培されていた。ヨーロッパにはおそらくは、15世紀にジュネーブに持ち込まれ、その光沢のある葉と優美な香りによって、テラスや庭用の植物として人気が高い。多少の霜には耐えられ、果実は冬に熟す。

---

1) Louis-Marie de Salgues, Marquis de Lescure

Pl. 40. *Œillet Mignardise.* Dianthus plumarius L.
Famille des Caryophyllées.

フランス式庭園

カーネーション

Dianthus spp.

王妃マリー・アントワネットは花々を愛し、彼女が愛した花々は、
最悪な歳月や最期の時にも深い慰めになった

　王妃がコンシェルジュリーの囚人となった時、管理人の妻リシャール夫人は、自らの危険を顧みず、カーネーションなど王妃が好む花束を、毎日差し入れた。

　1793年9月、「カーネーション脱出計画」が発覚した。ルイ16世の騎士アレクサンドル・ゴンス・ド・ロシュヴィルが、王妃の独房を訪れる許可を得て、そこで、服のボタン穴に差していた貴族のシンボルである二輪のカーネーションを、床に落とした。花弁に隠された短い伝言には、王妃の脱出計画が記されていた。王妃は「貴方を信じます。私は行きます」の返事を伝言の紙にピンで留めた。最期の不思議なやりとりがカーネーションの花に隠されて行われていた。1793年10月16日、王妃は革命裁判所が下した反逆罪で死刑になったが、おそらく、この紅いカーネーションは、王妃が1786年の良き時代に個人の楽園だったトリアノン庭園に植えるため、スペインに注文した花々を思い出させたのではないだろうか？

　18世紀に広く栽培されていたカーネーション（*Dianthus caryophyllus*）は色数が多く、大きく芳香のある花が登場した。1770年、カーネーションの美学的な基準がビュショの記述によって示されている。

> 花弁は多いほど、より好ましく、カーネーション農家を喜ばせる。花に丸みがあり、ドーム状の弧を描き、くるりとした球形を呈するカーネーションが美形とみなされる。

　スウィート ウィリアムという別名のアメリカナデシコ（*D. barbatus*）は、繊細で細い茎と花弁を有するピンク種（*D. plumarius*）とともに、上質の花束の作成用に、ルイ14世時の庭園に、すでに栽培されていた。

　キリスト教図像学ではカーネーションは「神の花」を意味し、キリストの受難を具現化し、先のとがった花弁は十字架の釘を想像させる。カーネーションは、何も隠すことができない神の眼の象徴でもある。聖母子画では、聖母マリアが紅いカーネーションを、幼いイエスに手渡す場面が描かれ

る。カーネーションの花束はこの場面の特徴として、17世紀末まで描かれている。

　中世・ルネッサンス期の絵画では、カーネーションは結婚と婚約のシンボルとして描かれた。慣習として、婚約者はカーネーションの花束を未来の花嫁に贈っていたからである。

　有名なパリ街頭の花売りは、恋人達に、花束用のカーネーション鉢を「わたしのポットにはカーネーションがたくさん。恋人達に、花束をつくるために」と呼び売りしている。

　カーネーションは愛の気まぐれさの象徴でもある。ギリシア神話では女神ダイアナが、若く美しい羊飼いに恋をするが、いっときの感情から、その眼を引きちぎり、地面に投げ付けてしまう。その場所からカーネーションの群落が育ったという。

　カーネーションの官能的でスパイシーな芳香は、クローブとペッパー様の香りを伴って、幾世代にもわたり調香師に霊感を与えてきた。ジャン・ルイ・ファージョンの論文「L'Art du parfumeur　香水の芸術」には、カーネーションの蒸留水やカーネーションの香りを付けたアンティーク油など、多くの処方が示されている。

　王妃マリー・アントワネットの手袋に香りづけをするために、ファージョンは乾燥した日の明け方から1時間以内、もしくは日没1時間前に摘んだ深紅のカーネーションなど、簡素な花々を選んだ。花弁がこすりあわないように、澄んだ天然の香りを得るために、青い萼(がく)の部分は花の基部から完全に取り除いた。王妃の手袋は、二層の新鮮な花の間に挟み、箱の中で8日間、花の香りを移して浸透させた。最後にファージョンは、手袋を白蝋、スウィートアーモンド油、ローズウォーターで被膜し、新鮮なムスクローズの上に置いて香りづけをした。これだけの手順を踏んで、初めて「化粧用手袋」の効果が得られた。

　この手袋をつけて寝ると、手を柔軟で冷ややかにし、また乗馬の際には、粗い皮革、馬具、手綱などから手を守ってくれる。

　　カーネーションは、石庭、歩道沿いや低い植え込み用の植物で、切り花に適しているので、園芸家にはとても人気がある。一年生の品種（Chinese pinks）、二年生（Sweet William）、多年生（cottage pinks）もある。花にはさまざまな形と色が存在し、八重咲き、二色咲き、カールした花弁の品種など変化に富んでいる。

56

Dianthus caryophyllus, Var.

Œillet des fleuristes.

Bois. Plantes de jardins.

Pl. 137. *Reine-Marguerite*. Callistephus sinensis Nées.

Famille des Composées.

フランス式庭園

アスター

Callistephus chinensis, syn. *Aster chinensis*

フランスでは「マルグリット女王」の別名があり、18世紀当時は
珍しい花だった。微妙な色合いと素速い成長が、仏王室の庭師
クロード・リシャールを刺激し、素晴らしい花模様の配列を作らせた

1771年11月20日、リシャールは国王ルイ15世のために、楽しい仕掛けを用意した。国王が食堂から客間に移動する間に、オランジュリーの前に傾斜させて並べた花壇を眺めるように工夫した。そこには、植え込みに隠されたランプが照らされ、白いアスターが、赤と紫のアスターを背景に文字を浮き上がらせていた。両側1.8mの高さに、白いアスターが表していた言葉はVive le RoiとBien-Aime（王様長生きで、皆に愛されて）だった。

植物のラテン語名は、ギリシア語のkallistos「非常に美しい」と、stephos「王冠」に由来する。原産地は、当時の博識な植物学者にとっては議論の的だった。

憶測では、reine marguertie（マルグリット女王）の名から思いついたのでしょうが、この植物はmeadow daisy（仏名marguerite）の単なる栽培種にほかなりません。すでに広く知られていますが、今一度繰り返すと、この植物は漢名で翠菊と呼ばれる中国原産の植物です。（Antoine-Nicolas Duchesne, Sur la formation des jardins, 1779）

アスターはヨーロッパに1731年に到来。イエズス会の植物学者ピエール・ニコラ・ル・シェロン・ダンカルヴィルが、ルイ15世の庭師ベルナール・ド・ジュシューに、パリ植物園用にと最初の種を送った。当初は一重の花だったが、八重咲きや斑入りの品種が1752年に初めて栽培された。

「一重のスミレ色から、八重咲き、球状花、筒状までさまざまな品種が生み出されてきました」

最初の種はgarden aster（*A. chinensis*）だったが、CallistephusやChina asterは19世紀の初めに遺伝的に分離したと考えられる。一年草で播種時期に応じて7～10月にかけて急速に成長し、一重、八重、球状などで、白から紫、ピンク、藤色、黄の花を付け、切り花は花束として喜ばれる。

フランス式庭園

アネモネ
Anemone coronaria

トリアノンのフランス式庭園で、マリー・アントワネットは
3〜5月にかけてアネモネの花を楽しんでいた。赤、白、藤など
無限の彩りと、斑入り、八重の花々でだった

　ヨーロッパでのアネモネの栽培は、フランスの園芸家バシュリエによる貢献が大きい。彼は1660年に新しい品種を中東から導入し、八重の品種を得て商品化しようとした。ところが繁殖に時間ががかり、当時の熱狂的な花愛好家の忍耐を超えてしまった。バシュリエの庭園には、しばしば好奇心に満ちた園芸家が訪れ、市場に種子や実生の苗が提供されない状況に不満を呈した。最後には、議会の顧問がきめの粗い羊毛の外套を着て、アネモネ採種期の現場を訪れた。アネモネの種子はその織物に付着し、顧問の従者は種子を容易に採集することができた。

　アネモネは、美しく多様な色合いが喜ばれる。最も愛らしく包括的な配色を有し、品種ごとに異なった名前が付けられ、白い斑入りは「ガリポリ」、バラ色は「ビザンチン」、深紅と白が半々のは「ブルターニュの驚き」など。18世紀、最上と見なされるアネモネは「大きく丸味があり、ケシのような、豊かなドーム状の中心部を持つ、しっかりとした個体」だった。

　神話では、ギリシア、ローマでの愛の女神アプロディーテ＝ヴィーナスと若い恋人アドニスに関連している。一説ではアドニスは、シリア王テイアスと娘スマーナの近親相姦によって生まれ、神に対する疑念を抱いていた。さらに少年アドニスの美貌は神々の嫉妬するところとなり、狩りの最中にイノシシに変装した軍神マールスによって殺されてしまった。ヴィーナスは落胆し、アドニスの身体から流れる血からアネモネを咲かせたという。

　この植物のギリシア名は「風の娘」の意味をもつ。小トリアノンの客間に通じるドアのひとつには、アドニスがアネモネに変身する姿が描かれている。

キンポウゲ科の植物で、地中海沿岸に自生している。一重の品種 de Caen と八重の St.Brigid（特に The Governor）が花束用に人気がある。

ANEMONE V.

79.

A.I.Wirsing excud.Norimberg 1770.

フランス式庭園

ニワシロユリ

Lilium candidum, syn. L. album

1791年9月5日、マリー・アントワネットは、忠実な友でかつての恋人スウェーデン貴族アクセル・フェルセン伯爵にチュイルリー宮から指輪を送った。国王一家がタンプル塔に移る前の幽閉場所だが、王妃は最後にコンシェルジュリーに投獄される。指輪の内側には3つの王家の百合型紋章と座右の銘「見捨てる者は、臆病者」と刻まれていた

マリー・アントワネットの意思表示には、伝統的な恋の儀式が受け継がれ、ユリの花を付けると、恋の相手に対して魔力を発揮できると考えられていた。王妃の指輪は、友であるバレンタイン・エスターハージー伯爵への伝言が添えられていた。

　小さな指輪を贈る機会が得られて嬉しく思います。きっと喜ばれるはず。この3日間で多くを売却したので、ひとつ見つけるのも大変でした。紙に包んだひとつは彼へのもの。彼のサイズですので、私に代わって付けて下さい。私からと必ず伝えて下さい。彼がどこにいるのか知りません。自分が愛する者が、何処に住んでいるかもわからないとは、ひどい苦しみです。

王妃が最初にフェルセン伯爵に会ったのは、彼がパリに到着した1775年のこと。りりしい将校は、ルイ16世にはない端正な容姿と情熱の持ち主だった。王妃は、その感情を隠そうとしたものの、伯爵が仲間に加わるたびに赤面するので、皆の知るところとなってしまった。フェルセンは王妃を傷つけることを望まず、ロシャンボー元帥の指揮下でアメリカに渡り、独立戦争に参加した。やがてパリに戻ると、2人の好意はより強くなっていた。1785〜1787年に、ヴェルサイユと、彼の連隊が基地を置くモブージュの町を往復していたフェルセンは、秘密にマリー・アントワネットに会いに行っているとすわさされ、王妃も彼を「唯一の親友」と呼んだ。1789年10月の事件以降、フェルセンは、チュイルリー宮の王家の近しい理解者となる。1791年4月には、王と王妃の逃亡を秘密裏に画策した。百合の紋章は、フランス国王夫妻の象徴であり、ヴェルサイユ宮殿では偏在的な装飾主題である。百合はトリアノンの客間における装飾図式のひとつで、1763〜1769年にかけて作られ、その様子はゴンクール兄弟によって描写されている。

Lilium Candidum   *Lis Blanc*

広い客間には、シャンデリアが薔薇の花模様の天井から吊り下げられている。天井蛇腹の四隅には、キューピッドが飛びかい、窓は芸術を象徴とする傑作で囲まれていた。月桂樹の輪にあしらった3つの百合の花を付けた茎が、満開の薔薇をあしらった宝冠とともに浮かび上がっていた。

王妃の小劇場では、百合や花々で満ちた豊饒の角を持つ女性像で装飾されていた。

紋章として百合は、白百合に由来するものではなく、古代のフランク人はその種の起源を、フランドル地方にまでさかのぼった。フランドル地方はキショウブ（*Iris pseudacorus*、花がアヤメに似ている）がリース川のほとりに群生している場所で、領主のダルモンティエールはクローヴィスがフランスを併合する際に、紋章付きの軍服に百合の花を携えていた。そこで、王は百合の図形を紋章に加える選択をした。このように紋章が生まれたものの、それはユリではなくアイリスだった。

12世紀、カロリング朝の王達は、自らの王朝の正当性を聖書の伝承に求め、聖書のソロモン王に結び付け、百合を象徴に採用した。こうした事情から、百合は忠実、正しい行い、純粋の象徴として理解されていた。紋章学では、フランス王室の紋章は、「azure three fleur-de-lys or」（空色を背景にした、3つの黄金色の百合型紋章）で、精神と心の高潔性をそなえる。

ニワシロユリは、十字軍によってパレスチナからヨーロッパに持ち込まれたと考えられている。マリー・アントワネットの時代には優美な芳香が喜ばれ、花壇の装飾に用いられ、時には道全体に植えられた。ピエール・ジョセフ・ビュショの『Dictionnaire universel des plantes, arbres et arbustes de la France フランス植物、樹木、低木大辞典』（1770）には、斑入り葉の特別な品種の記載があり、「あまりにも美しく、凌ぐものは少ない」とある。この本では、しばしば白ユリと混栽される、美しい濃オレンジ色 *Lilium bulbiferum* や、そり返った花弁のマルタゴン・リリーについても言及している。

百合は、伝統的に女性と関連が深く、神話では女神ヘーラーが、幼いヘラクレスに授乳する際に漏れた乳から湧き出たといわれる。ギリシア神話では、漏れた乳の滴が天空に広がって銀河となり、地上に落ちた滴から百合の花が生まれたという。百合の花はクノッソスの古代クレタ宮殿の壁を飾っている。アプロディーテ（ラテン語のヴィーナス）は、白い海のしぶきから生まれたが、百合の完璧な白に嫉妬し、大きな雌しべを与えることで、色を損なわせた。

百合の意味するところは複雑で、矛盾を含んでいる。王妃の花である一方、娼婦の花でもあるからだ。純粋で高潔な百合が肉欲の象徴でもある。ギリシア人にとっての

百合は「花の中の花」であり、天国の花は天地創造の象徴となる。百合の花に対する一般的な解釈もこの多様性を反映し、天地創造の神話は、潔白、女性性、出産を象徴するが、アプロディーテ――肉欲の女神ヴィーナスが与えた雌しべは、まさに好色的。したがって伝統的に百合は、恋愛とセックスと関連し、魔術的儀式にも介在した。

キリスト教では、百合の完璧な白さは聖母マリアの象徴として、高尚な運命の象徴である。天使ガブリエルがマリアの前に現れ、イエスの受胎告知をする際に、百合の花を携えている。11世紀以降、司教の発行する硬貨には、聖母マリアと百合の花が刻まれ、「マドンナリリー」の呼び名が生まれた。白い百合は結婚の守護神聖アントニウスとも関連する。「雅歌」は聖書で最も詩的で、ソロモン王の手によるといわれ、神の「恋歌」をイスラエルの人々に翻訳した。百合と結婚の儀式を結びつけ、「私はシャロンの薔薇、谷間の百合。乙女達の内にわが愛する者のあるのは、茨の中に百合の花があるようだ」（雅歌2：1-2）とある。

マリー・アントワネットの時代、ユリの完璧な白色は、宮廷での成功を約束していた。王妃の調香師ジャン・ルイ・ファージョンは、*L. candidum* の特徴を生かした化粧品を作っている。「二重釜で熱して得た、ユリの花の抽出芳香水は、若い女性の肌色の向上に用いる。特に、少量の酒石酸塩と混合すると、「そばかす」を消す作用がある。

ファージョンは肌の美白、キメの調和、「そばかす」と「しわ」の除去を目的にした処方を調合している。この処方は、浄化と化粧落としにも用いられる。彼のオーコスメティクペレスィーユ（洗練された化粧水）は、浄化、美顔、手と顔の皮膚軟化に用いた。「6ドラムのユリ、1オンスの卵白と柔らかい白パン粉を牛乳に浸し、白砂糖、1/2オンスのニオイアイリス、豆、1ドラムのカンファーを加えます。これらをローズウォーターに3日間浸した後、ガラスか石の乳鉢で圧搾、混合する。覆いをかけ、温かな場所で、さらに3日間熟成させた後、二重釜で蒸留し、得られた蒸留水を小瓶に移す」ユリを浄化オイルの作成や「シワ除去」用のオイルに用いていたのだ。

ユリの蒸留水は、鎮静、癒やし、抗リウマチなどの医薬品にも用いられた。ユリの花弁が落下したものを集め、上質のブランデーに漬ける。これを、パップ剤として、打ち身や霜焼けに用いた。ユリの花弁を上質なオイルに漬けたものは、消耗した肌のマッサージに用いられた。

小アジアから到来したこの球根植物は、地中海沿岸全域に根づいた。ニワシロユリは高さ1.5mに達し、上質な芳香花を6～8月にかけて咲かせる。この植物は、陽光と白亜質の土壌を好んでいる。

Chrysanthemum frutescens.
Pyrethre frutescent.

フランス式庭園

キク

Chrysanthemum spp.

マリー・アントワネットの書簡から、キクの花が
姉であるオーストリア皇女テッシェン公爵夫人
マリー・クリスティーネの好みであったことがわかる

トリアノンから、王妃が母に宛てた、1779年4月14日の手紙には、情熱を込めて、次のように記されていた。

> 私の庭は大きく改良されつつあります。花壇は魅惑的で、温室は段々、立派になっています。ここで数多くの稀少な植物を栽培し、お母様が送って下さった植物も予想以上に繁殖し、そのいくつかをパリ植物園へ送りました。見事に美しいキクと無数のバラの品種があり、庭園ではありのままに観察しようと、多くの人々が訪れてきます。

1786年8月2日付けのマリー・クリスティーネ宛ての手紙では、「あなたの好きな花が植えられた小さな花壇に、娘が自ら水やりをしたいというので、娘はきっと貴方の芳香を嗅ぐことになりましょう。最初に咲いたキクの花には、貴方の名前を付けることにしましょう」と書き綴った。フランス革命の勃発時、マリー・アントワネットはこの姉がブリュッセルへの亡命を助けてくれると思っていた。

ガーランド種 *Chrysanthemum coronartium* は地中海沿岸に広く自生する一年草で、7～9月に開花し、八重や黄色などの品種が18世紀の花壇では人気があった。

カナリア諸島原産、低木様のモンシュウギク *Argyranthemum frutescens* も栽培されていた。*C.indicum* の種子は、1770～1780年に中国や日本からパリ植物園に送られたが、1789年、紫色の栽培品種が広まるまでは注目されなかった。マリー・アントワネットは、1789年10月5日にトリアノン宮から追われたので、その壮観な風景を観ることは叶わなかった。

ナツシロギク、ヨモギギク、フランスギク、カモミールは、長く *chrysanthemum* の品種と考えられてきたが、今日では別種として分類されている。*Autumn chrysanthemums* は多くの異なった球形状と、ピンク、紫から深紅、スミレ、黄、および白の色を示す。今日ではフランス全土で、諸々の聖人の祝日に墓地を飾っている。

フランス式庭園

スイセン

Narcissus spp.

マリー・アントワネットは作曲家グルックのパトロンで、彼が1778年にオペラ「エコーとナルキッソス」を書いたウィーンで音楽を教わっていた。この作品は、オウィディウスの「変身物語」に触発された台本に基づいており、翌年パリでも上演された

最初の公演は大失敗に終わった。グルックの熱烈なファンも、その作品については触れようとしなかった。マリー・アントワネットがその上演をどのように受けとめたかは不明だが、彼女が、小トリアノンで客間を飾る『ナルシスの変身』(1650年、ニコラ・プッサン画) を賞讃していたことは知られている。1786年、「王妃の村里」の花壇と装飾歩道を飾るためスイセンが購入されている。水仙の装飾をほどこした主題は、画家ヨセフ・バウマハウア (1765-1770) 作の刻印がある、黒檀に象眼したモザイク模様の飾り箪笥にも見受けられる。この作品は現在でもヴェルサイユ宮殿のコレクションとして保管されている。スイセンは、王妃がサテンのドレスを着用し、一輪のバラを手にした等身大の肖像画中 (1778年、エリザベット＝ヴィジェ＝ルブラン画) の花束にも描かれた。

当時は多くの品種が栽培され、花壇や春のボーダーの植え込みに用いられていた。詩人のラッパズイセン (*Narcissus poeticus*) は、フランスでは herbe a la Vierge (処女の草) としても知られ、美しさと芳香を放つ白い花、黄色に赤い縁どりのラッパ状副冠が喜ばれていた。

スイセンの八重品種も栽培されており、*N. tazzetta* (フサザキスイセン、フランスでは、コンスタンチノープルのスイセンとして知られる) は、ひとつの茎に10個もの花をつけることから人気が高かった。球根は日当たりのよい肥えた土壌に植えられ、3年ごとに堀り上げて分根される。

ラテン語では花は、神話の若い主人公にちなんでナルキッソスと呼ばれる。ナルキッソスはその美貌と自己愛の寓意になっているが、水面に映った自分の姿を、自分とは知らずに愛してしまい、嘆き続けたあげく、水辺で悲劇的な死を遂げる。神々はその死に同情して、ナルキッソスを川辺や水辺で咲く可憐な花に変身させたという。ギリシアでは魅惑的な語源ながら、やや不正確と思われる narkeno (麻痺、現在の「麻薬」の語源) からナルキッソスを関連付けてい

Narcissus Poeticus — *Narcisse des Poètes*

る。同様に、この植物に麻薬性があるという理解も不正確である。

　ギリシア神話ではもうひとつ、ゼウスからペルセポネ（女神デメテルの娘、ラテン語でProserpina）を得る許可を求めるハデスが、ゼウスの許しを得て、ガイアからも特別に美しい水仙の創造を認められる。そもそもペルセポネはシチリア島で、仲良しのニンフ達とサフラン、スミレ、薔薇、ヒヤシンスなどの花摘みに興じていたが、そのとき美しいガイアの水仙を見つける。ひとつの茎に100個の花を付け、快い香りは、地上、空、海に満ちた。ペルセポネが両手で、水仙を摘もうとした時、突然、大地が割れ、ハデスが金色の馬車に乗って現れ、苦悶し泣き叫ぶペルセポネを、冥界に連れ去ってゆく。ペルセポネは水仙の魔術の犠牲者として、処女にして黄泉の国の夫人になってしまった。

　ナルキッソスの神話には多くの主題と象徴が存在し、間違いなくマリー・アントワネットの興味をそそった。水は魂の鏡でこの話の主要な要素でもある。ジャン＝ジャック・ルソー（1712-1778）の作品、『Narcisse ou l'Amant de lui-meme ナルシス、またの名はおのれに恋する男』（1753）でも同じ主題が探求され、魔術的で豊かな水の特徴、生と死の源泉、かりそめの勝利、そこから生じる若者の残酷美が語られている。ルソーの作品では、死と再生の密接な関係が描かれている。ニンフのエコーは、そのおしゃべりがヘーラーをわずらわせ、「常に最後の言葉だけ繰り返し、決して最初には話さない」よう運命づけられる。エコーはナルキッソスに恋をするが、常に、この美しい若者の言葉を繰り返すだけなので、すぐに飽きられ、エコーはふさぎ込んでしまう。失恋したニンフは嘆き暮らし、山々にこだまする声だけを残して消えてしまうが、女神ネメシスはエコーの愛に対して冷淡だったナルキッソスを罰することにする。泉の水を飲もうとして身をかがめたナルキッソスは、水面に映った自分の姿を見て猛烈な恋に落ちる。自分の鏡像から逃れられないナルキッソスはやがてその名に由来する花に変身した。それ以来、その花は復活の象徴となった。ギリシア・ローマ神話やルソーの物語で、水仙は主役の死に関わり、弔いの象徴でもあり、また第二の異なった存在の可能性も示唆している。ペルセポネは黄泉の国の王妃になり、ナルキッソスは冥府の川面に映る自分の影を見つめ続ける。同様に、水仙の球根は地下の死の世界に残り、毎年春には再生して花を咲かせる。ナルキッソスの神話は、多くの芸術家にとって霊感をかきたてる源泉になっている。最も有名なのは、おそらくオウィディウスの「変身物語」第3巻で、この物語自体は、おそらくアレキサンドリア文学から派生している（オウィディウスの話には神話的要素はない）。オウィディウスの作品は、何世紀にもわたって多くの芸術家に影響を与えて

いる。

　水面を見つめながら発した最後の言葉は、「ああ、最愛の少年よ、むなしい!」で、水面は「むなしい!、むなしい!」と彼の言葉を繰り返した。「さようなら!」に対してもエコーは「さようなら!」と繰り返した。やがて彼は疲れ果てた頭を青草の上に横たえ、死んで自分の美しさに感嘆していた眼が閉じられる。死を受け入れる瞬間も、彼は暗い水面を見つめていた。水の精達は泣き叫び、その髪を切って供えた。森の精も泣く。エコーは彼らの泣き声を繰り返す。火葬用の薪、揺れる松明、彼の棺桶が用意されたが、彼が居た場所を見ると、死体は無く、代わりに花が咲いていた。白い花弁に囲まれた、黄色い水仙の花が。(オウィディウス、変身物語、第3巻、第5話)

　スイセンの球根は、人気の治療薬だった。ビュショの『Dictionnaire universel des plantes, arbres et arbustes　フランス植物、樹木、低木大辞典』(1770)には次のように記載されている。

　根自体や、根から作った煎剤には催吐作用がある。火傷には外用が適当で、蜂蜜と混合して、患部に素早く湿布する。また、傷ついた神経や腱にも効果的と考えられる。脱臼や脚の慢性痛に、蜂蜜に混ぜてパップ剤とすることが広く行われる。

　スイセンにはフローラル、グリーン、アニマルノートがあり、長らく高級香水の調香に用いられてきた。アブソリュートは調香師にとって最上級のフローラル成分であり、微妙で壊れやすい花の香りが強く浸透していく。ジャン・ルイ・ファージョンの論文「L'Art du parfumeur　香水の芸術」には、スイセンを用いた多くの処方が掲載されていた。

　フローラルウォーターは顔のしみ、そばかすを防いでくれる。同量のキュウリとスイセンの根を日陰で乾燥させ、細かな粉に挽き、上質なブランデーに加える。これを用いて顔が痒くなるまで洗顔し、冷水で洗い流す。しみ、そばかすが消えるまで、毎日繰り返す。このウォーターは強い腐食性があるので、色素沈着をすぐに取り除く。

❦

　　ヒガンバナ科の一種であるスイセンは、30種以上の品種があるが、その多くが地中海沿岸の原産である。今日では数百の品種が存在し、大小カップの品種、野生種、一重、八重、ツートンカラーの花などがある。庭園での育成が容易で、球根は深く埋める必要がある。

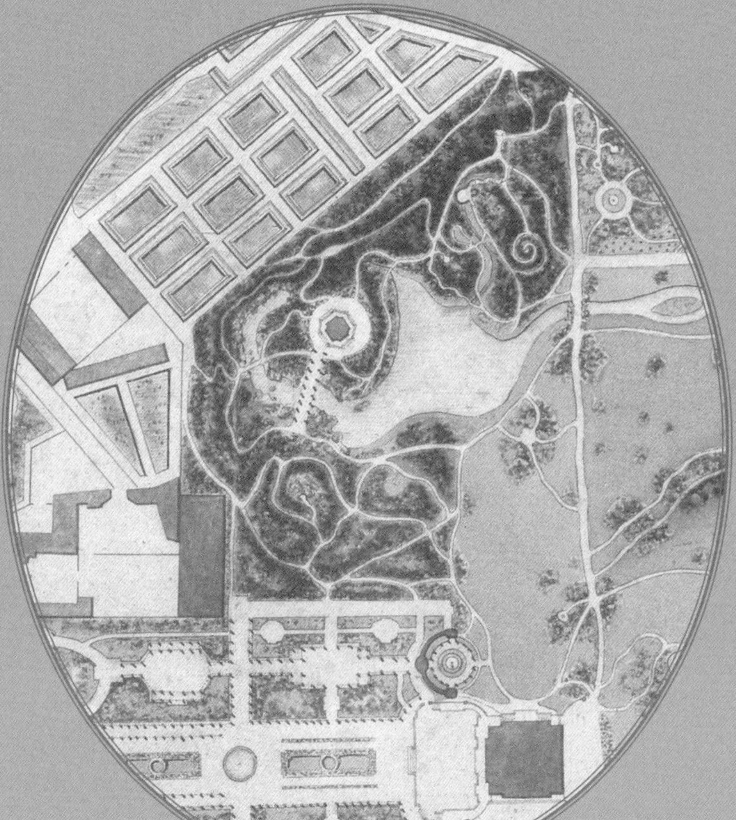

The Belvedere

ベルヴェデール
（展望台）

　ヴェルサイユ宮殿の北西にある、王妃の小トリアノンには、滝のある玉石でできた「山」と人工の湖がある。オーストリアでの幼少期の記憶を呼び覚ましてくれる、マリー・アントワネットにとっては大切な風景であった。展望台は、内部が円形の八角堂で、湖を臨む小丘の上に建ち、トリアノン庭園全体を見渡すことができる。近くの曲がりくねった小道を行くと、ナラ、ギンバイカ、ブドウなどの人工林が見渡せる場所につながる。ここには苔を敷き詰めた。泡の流れで冷却された有名な洞窟があり、恋人達の隠れ家になっている。

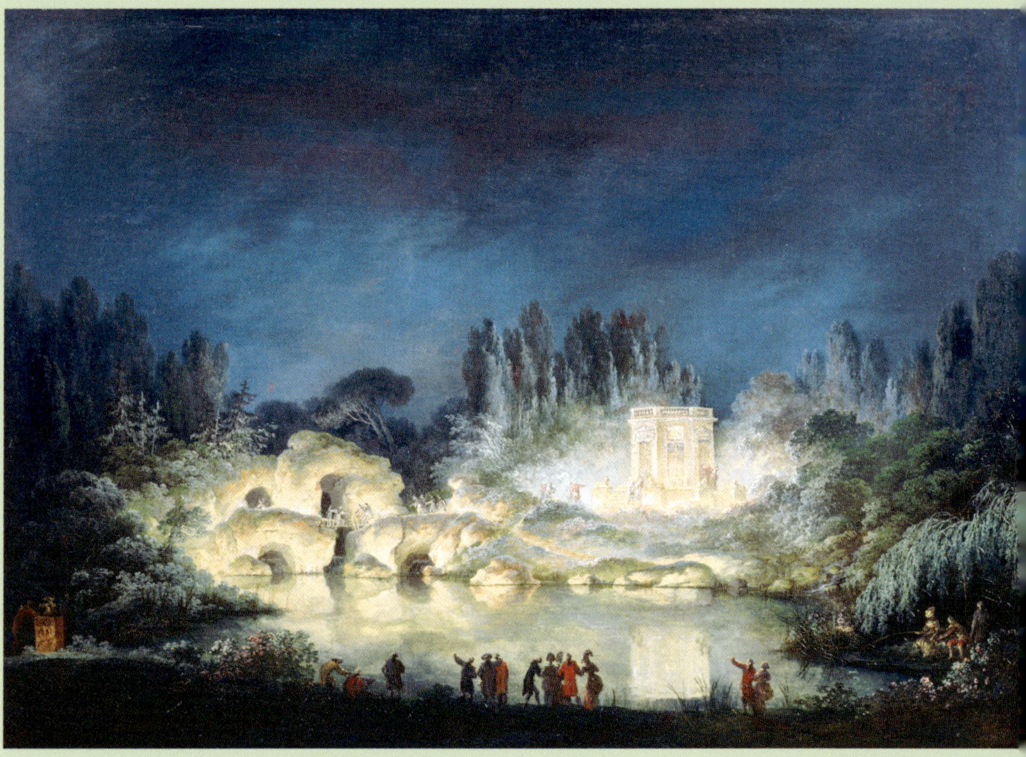
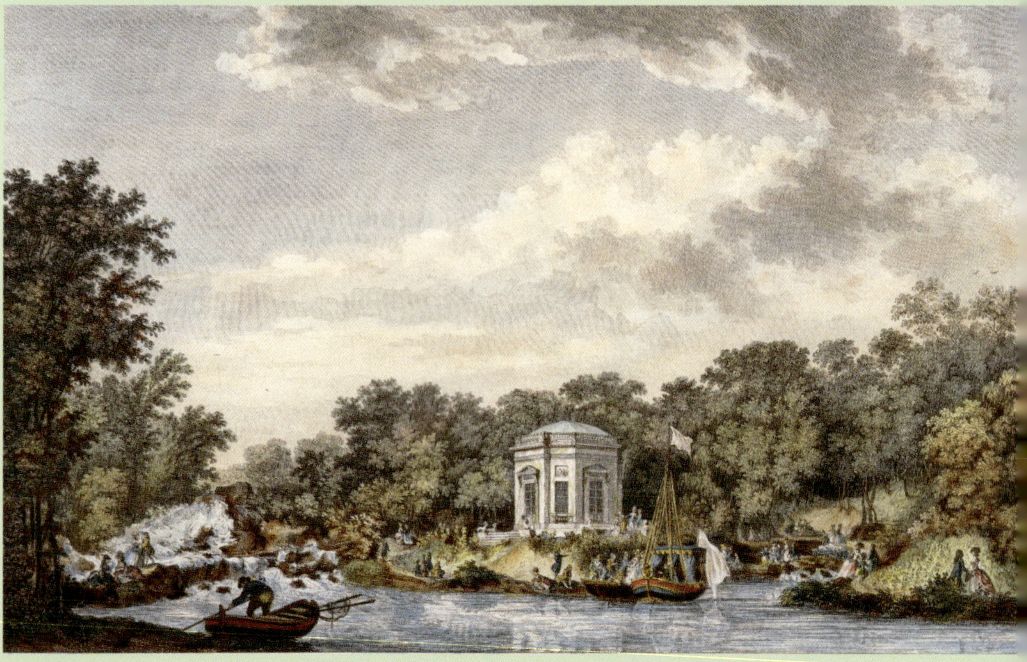

「薔薇の茂み、ジャスミン、ギンバイカに囲まれた展望台は小丘の上に建ち、そこからは王妃個人の領地を一望することができる。八角形のパビリオンには4つの扉と4つの窓があって、四季に関する寓話が、当時最高の彫刻技術で、壁や扉の破風などを飾るレリーフに8回繰返し描かれている。女性の顔をした八体のスフィンクスが階段の両側にうずくまっている。室内の床には、白、ピンク、青の大理石がモザイク模様に敷き詰められて、部屋の中心には、3つの輪が吊り下げられた机が、金メッキのブロンズ製脚部に支えられている。この机は、王妃の軽食用で、ここで王妃は午前中の時間を過ごされた。マリー・アントワネットはここから、岩山、お気に入りの洞窟、滝、小川にかかる吊り橋、湖と水面、舞台、百合の紋章で飾られた小船、小川を眺めていた」

エドモン&ジュール・ド・ゴンクール兄弟著
『マリー・アントワネットの生涯』(1858) より

左上図：小トリアノンの庭園で、1781年に王妃が主催した祝祭。1781年7月の義弟プロヴァンス伯爵のため、あるいは1781年8月3日、兄ヨーゼフ2世を祝って（クロード＝ルイ・シャトレ、1753-1795、画）

左下図：小トリアノン宮殿の壁を飾る絵画は、岩山と八角形のパビリオン（ルイ・ニコラ・デ・レスピナス、1734-1808、画）

Acer campestre.

ベルヴェデール

カエデ

Acer campestre

カエデはヘッジメイプルとしても知られているが、乾燥に強く、
ベルヴェデールの丘のような、石灰質の斜面に繁茂する

この小型の野生種は、18世紀の庭園に広く使用された。「他の樹木の陰でも良く成長することことから、大きな樹木が植わる場所の、並木道や庭園空間に、しばしば用いられる。カバノキの生垣で、倒木すると代わりに植樹される。その葉にはぎざぎざがあって小型である」(Antoine-Nicolas Duchesne, 1764)。

カエデは芽を出すのが早く、早春から芽吹くので喜ばれる。頻繁に大鋏で剪定されるが、その後、装飾性のある紅い枝を伸ばす。

ヘンリー・デュアメル・デュ・モンソーは、1755年に次のように記している「カエデの仲間は、カバノキが育たないような場所でも、魅力的な柵を作りあげる」

植物学の専門家は、アメリカカエデに特別な興味を示している。この植物は18世紀前半にヨーロッパに到来したが、トリアノンには、このような外来の珍しい樹木のコレクションがあり、サトウカエデ (*Acer saccharum*)、湿地性カエデ (*A. rubrum*)、トネリコバカエデ (*A. negundo*)、シロスジカエデ (*A. pennsylvanicum*) などが含まれている。

古いカエデの木から得られるコブ材は、とても珍重される。コブとは、木が打撃などで損傷を受けた後に異常増殖したもので、特別に堅くて外皮がない。カエデのコブはしばしば縞瑪瑙と比較され、種々の豪華な作品(宝石箱、ゲーム盤)、楽器、典礼用品などに使用されていた。

成長の遅いこの木は、樹高が10〜15mを超えることは希である。稠密で丸みのある樹木は秋になると、ブロンズ色がかった黄色い葉で覆われる。他の木々との組合せで素晴らしい生垣を形づくる。栽培品種には、装飾性の黄、紫、白斑入りの葉、小型種などがある。トネリコバカエデ (*A. negundo*) という品種は温帯ヨーロッパの気候に適合しているが、外来種と考えられる。この外来種は、河や小川の縁でよく見かける。

ベルヴェデール

イチイ

Taxus baccata

スウェーデン国王グスタフ3世の訪問に、ヴェルサイユでは豪華な夜会が催された。1784年6月21日には、かつて例がない明るいイルミネーションが登場し、イチイがその照明を支えた

1775年のデュアメル・デュ・モンソーのノートには、「これほど、刈り込みに耐えられる木はなく、大きな花壇に小さなピラミッドや球形のイチイを配置するのは、美しい」とある。

イチイはテラスの壁に沿った柵や、幾何学模様づくりにも用いられる。この常緑樹は、半透明果肉以外の、種子や葉には、全体に毒性がある。

ピエール＝ジョセフ・ビュショ（1770）は、『ガリア戦記』を引用して、ガリア人がイチイから毒を製する方法を記述している。

ジュリアス・シーザーによればエブロネス族の王カタウウォルクスはイチイの液毒で自害したとある。イエズス会のショット神父は、流れの緩い場所にイチイの実を投げ込むと、魚は気絶して浮き上がるので、手でも捕えられるとある。ローマではクラウディウス・ドルスス皇帝が、イチイの液は蛇の毒に有効であると公言していた。古代の医師は「毒をもって毒を制す」方法を用いていたのである。

18世紀の植物学者は、「イチイは危険性があるものの、子供がその果肉を食しても問題は生じない。ただ、種子は決して飲み込まないことである」と記述している。

イチイは死と永遠の象徴であり、古くは神聖な木として大切にされ、フランスでは頻繁に植樹、栽培されてきた。常緑であることから、ケルト人は葬礼に関連づけて、墓地や埋葬地に植えていた。

ブルターニュ地方の伝統では、墓地には一本だけを植える。さもなくば、成長して曲がりくねった根が、埋葬者の棺を開けてしまうからだという。

非常に長生きで、記録では樹齢1500年以上の個体もあ。ヨーロッパ自生の個体数は徐々に減少傾向にあって保護の対象になっている。刈り込みが容易で成長が遅いことから、装飾性の生垣や幾何学形に理想的な木。

TAXUS baccata.   JF baccifère.

Bois, Plantes de jardins.

Pl. 104. *Myrte*. Myrtus communis L.
Famille des Myrtacées.

ベルヴェデール

ギンバイカ

Myrtus communis

八角堂のパビリオン、クラシカルな展望台は、
ギンバイカをはじめとする芳香のある花々に囲まれていた

　ビュショの記述（1770）では、「この植物は、プロヴァンスやトゥーロン近辺に生育し、プロヴァンスの沿海地域、ラングドック、ノルマンディー、オニース、ブルターニュなどで自然に観察される。私どもの庭園でも栽培されるものの、冬には保護温室に移動させる必要がある。温室には、広い葉、八重咲きなど、種々の品種がある」

　斑入りと八重咲きの花は、特に珍重され、8月に放たれる花の芳香は、誰にでも喜ばれている。

　古代ギリシアでは、ギンバイカは不変的に神と繋がっていて、女神アプロディーテ（ラテン語のヴィーナス）の象徴であった。古代のディオニュソスは、ギンバイカの冠を付けるようになる。神話ではディオニュソスが、母セメレーを冥界から救い出すために、何か大事なものを捨てるように求められたとき、いちばん好きだったギンバイカを差し出したことになっている。

　ギンバイカの葉は、匂い袋やポプリとして、窓を開け放った場所よりも、むしろ個人的な空間を香らせるために用いられる。香りの良い粉や、芳香花を詰めた小袋は、不快な体臭を消す目的で使用された。

　タンニンを多く含むこの植物は、収斂剤、刺激剤、抗寄生虫剤、殺菌剤の原料になる。古代ローマでは、火傷や創傷の治療、筋肉痛の緩和に用いられた。

地中海の代表的な低木は、樹高3〜5mに成長し、6〜10月にかけて芳香を放つ白い花をつける。葉を揉むと芳香を生じてくる。寒冷地では、霜から保護する必要があるが、球形やピラミッド型に剪定することができ、フランス本土で成育する、唯一のフトモモ科植物である。この科には、ナツメグやクローブなどのスパイス原料やユーカリが含まれている。

ベルヴェデール

ジャスミン

Jasminum spp.

小丘の頂上に、バラの茂み、ジャスミン、ギンバイカに囲まれて建つ、
プライベートな展望台ベルヴェデールからは、
マリー・アントワネットが彼女の領地を一望できた

　四季の寓話が、装飾の重要な主題であり、彫像や絵画に描かれていた。八角堂の東西南北には4つの扉が設けられ、4つの窓があり、建物に昇る階段には、不思議な八体のスフィンクスに似たの彫像がうずくまっている。室内は白い大理石を基調としたピンクと青の大理石がモザイク状に敷き詰められ、フレスコ画で田園風景が描かれ、香炉からは濃厚な花の香りが漂い、壁全面に描かれた花束の描画と調和し共鳴しあっている。

　ジャスミンの強い香りは、間違いなく他の花々を圧倒するほど勝っていた。

　ヴェルサイユでは、ル・ノートルの設計による、17世紀の庭園花壇に、ジャスミンを含む多くの芳香性植物が採用されていた。その豊かで強い芳香は、特に宮廷の人々を魅惑し、ジャン・ド・ラ・フォンテーヌの詩に詠われた。

Jasmins don't un air doux s'exhale
ジャスミンの花の優しい息づかい
Fleurs que les vents n'ont pu ternir
その芳香は、決して消えない

Aminte en blancheur vous égale
その白さは、アミンタの白に同じ
Et vous m'en faites souvenir.
その一瞥が記憶を呼び覚ます

　1755年、ルイ15世はトリアノンの庭園にジャスミンの苗を含め、多くの新しい苗を移植した。600本のジャスミンが、1784年4月15日に農場長のモロー・ド・ラ・ロシェット氏から送られた。1786年にはギュスターブ・デジャルダンが、王妃がスペインジャスミン、アラビアジャスミンをトリアノンの新しい温室のために注文した記録を残している。

　スペイン、アラビア、アゾレス諸島の品種のジャスミンが18世紀のフランスで育っていた。アゾレス諸島の品種は特に霜柱に弱いことから、熟練した植物通に珍重されていた。

　フランソワ＝アレクサンドル・デ・ラ・シェイニー・オベールとルイ・ライガー は異なった品種について、その著書『Dictionnaire universel d'agriculture et de jardinage 農業・造園事典』(1751) で次のよ

Syd. Edwards del.   Pub. by J. Ridgway 170 Piccadilly, Mar. 1.st 1816.   *Smith sculp.*

うに述べている。

　ジャスミン——プチジャスミンは茶色がかった緑の地上部をもち、長い溝のある茎を四方に伸ばし、曲がりやすく支柱を必要とする。葉は先のとがった楕円形で、深い緑色。傘の形をした花は房状に咲き、小さく可愛い白い花は甘い芳香を発する。個々の花は外側に向かって筒状に、五角の星形に開く。花が枯れた後には、柔らかく丸い緑がかった実がなり、なかに2個の扁平で丸い種子ができる。もうひとつの品種にスペインからのジャスミンがある。こちらは花が大きく華麗で、芳香も強く、内側が白色、外側が赤色を呈している。ジャスミン類は繊細な花で、その栽培には十分な世話が欠かせない。

　ジャスミンは通常、四目垣や四目垣で作った小屋に這わせて栽培する。装飾性の鉢や、大きな木製の桶に球形に成形し、霜が降りる前に室内に移動させる。スペインジャスミンは特に寒さに対して脆弱。18世紀には、ジャスミンは通常プロヴァンス地方で栽培され、3月になってからオレンジの木などとともに、桶でパリに運ばれてきた。

　女性は、他の花々と一緒にジャスミンで花束を作り、祝祭日や式典などに持参したが、ジャスミンだけの花束もあった。

　男性は、嗅ぎ煙草の香りづけにジャスミンを使った。花は、容器中で砂糖と互い違いの層にすることで、砂糖の香りづけにも用いられた。

　何世紀も、東洋ではジャスミンは女性美の象徴として見なされ、インドでは愛の神がジャスミンの花が付いた矢でその生贄を射たという。

　エジプトの美女クレオパトラは、愛人であるローマ人マルクス・アントニウスと逢瀬に出向く船の帆を、ジャスミンのエッセンスに漬けたともいわれている。

　シェークスピアの戯曲「アントニーとクレオパトラ」では、この夢中にさせる香りについて触れている。

　あの女の座した船は、磨き上げられた王座のように、水面を燃えるように照らしていた。舟の艫は金の延べ板、帆は赤、帆には芳香を焚き込めてあるので、風も恋わずらいする（ウイリアム・シェークスピア作、アントニーとクレオパトラ、第2幕、第2場）。

　古代中国では、ジャスミンは女性の美しさと優しさの象徴だった。18世紀の中国はジャスミンの主産国だが、ヨーロッパへは、スペインとアラブの海運商が1560年に最初に、南フランスのグラースに持ち込み、現地では「花の女王」として名を馳せた。ジャスミンは8〜10月に開花し、最も香る夜の空ける前に摘みとって、香料用に夜明け前までに処理しなければならない。この繊細な花は蒸留できない。18世紀のグ

ラースでは、花の繊細な香りを正確に捕集する技術を確立していたが、「ジャスミンのエッセンス」は圧搾と浸潤によってアブソリュートの芳香油が採取できる。バラと同様に、強い麻酔性の香りは、ジャスミンを香水の同義語にもしている。

王妃の調香師ジャン・ルイ・ファージョンは、論文「L'Art du parfumeur 香水の芸術」で、「ジャスミンの香りは非常に繊細なので、液体に移す努力が行われてきた」と記している。さらに「イタリアから運ばれたジャスミンのエッセンスは、花びらを完全に浸出したオイルである……ジャスミンの香料を得るには、香りを写しとったジャスミンオイルに、酒精を加えて徹底的にぜ、ジャスミンの香りを粘性のあるオイルから、酒精へと移してゆく」

王妃はジャスミンが好きで、ファージョンは多くのジャスミン化粧水、酒精剤、化粧用軟膏を調製した。王女が誕生してからまもなく、王妃は美容師レオナールを呼んで髪の手入れを命じた。毎朝、召使いに豊かな髪（かつての自慢と喜び）を梳かせ、ファージョンが調製したアンティークオイルを振りかけ、スミレ、スイセン、ジャスミンの香りをまとわせた。レオナールは、「髪を保護し、成長を促進するパウダー」も加えた。キメの細かいパウダーで髪に香りづけし、毛根を強化させて髪の再生を促した。ジャスミンの香りは魂を晴れやかにし、記憶力を高めると考えられていた。軟膏剤ア・ラ・ファージョンは、パウダーと一緒に髪の発育と抜け毛防止用に使われた。処方には豚・羊の脂肪、白・黄色の蜜蝋、アーモンド油、ジャスミンのアブソリュートなどが用いられ、快適な芳香が王妃の目覚めまで続いていた。

ピエール＝ジョセフ・ビュショの著書『Toilette et laboratoire de Flore en faveur du beau sexe フローラの化粧と処方』(1784)には、大好評のジャスミン芳香水の処方が掲載されている。

> 芳香水作りがいちばん難しい。まずジャスミン花を注意深く収穫しなければならず、日の出直後に緑色の部分を取り除き、速やかに瓶に詰められるだけ詰め、綿製の芯を用いて瓶を満たすアルコールを注入する。この方法でジャスミンの花の芳香を損なうことなくアルコールにすべて写す。この浸出液を冷所に6週間保存し花を取り除いて、濁りが消えるか、底に沈殿するまで静置する。上澄みを別の瓶に静かに注ぎ、必要に応じて使用する。

アジア、アフリカ原産で、その名前はアラビア語の yasamin に由来する。モクセイ科に属し、約200種の種が存在するが、香料原料となるのは二種のみ。複数の品種が、芳香と魅力的な花を目的に庭園で栽培されている。冬ジャスミン（*J.nudiflorum*）以外は、霜から保護する必要がある。

ベルヴェデール

レダマ

Spartium junceum, syn. *Genista juncea*

王妃マリー・アントワネットは、レダマの香りを愛し、
イギリス式庭園に独創的な効果を与えるために育てた

1778年、トリアノン庭園の植え替えに際して作成された『Mémoire des Plants d'arbres de ligne, Épines et Charmilles 棘とクマシデ並木道の樹木の論文』に、この灌木は掲載されている。1784年4月15日には、モロー・ド・ラ・ロシェット氏から50株以上が送られた。その一般名から *Genista hispanica* と長く混同されていたが、後者は小さくトゲがあり、香りも弱い植物である。

ラングドックやプロヴァンス地方に育ち、かつての栽培地であるフォレ地方の山地に自生している。レダマは高木林地で美しく育つ性質で、芳香を放つ。他のエニシダ類と同様に6月頃から開花する。八重の品種には特に人気がある。(Pierre-Joseph Buchoz、Dictionnaire universel des plantes, arbres et arbustes de la France, 1770)

ビュショが言及した八重咲きは、繊細で栽培が難しい品種で、レダマは、古代より、その繊維から網や布を作る目的で栽培された。

花は、画家や彩色師に人気の、黄色の絵具の原料になった。パステルと混合すると緑色を呈する。莢（果実）には、最大12個の扁平で腎臓の形をした、光沢のある赤い種子が包まれ、エンドウに似た豆の匂いがする。

種子には、催吐作用があって、消化管を刺激する瀉下薬として、少量を粉にして服用した。今日ではこれらには毒性があると考えられている。

Spartium とは一種一属の珍しい属で、この地中海原産の灌木は、成長すると高さ4mに達し、乾燥した沿岸性気候に適している。日当たりの良い場所を好み、マイナス15度までの低温に耐える。

GENISTA juncea. GENEST d'Espagne. *pag. 70.*

P. J. Redouté *pinx.* Mlle Bouet *Sculp.*

ベルヴェデール

ブドウ

Vitis vinifera

トリアノンでは、見晴らし台の丘の南斜面から、
湖に突き出た岬にかけて、小規模な葡萄園が作られていた

葡萄は小トリアノンの小さな客間の装飾主題になっており、漆喰壁のいたる所に、葡萄の葉と果実の房が描かれた。

複雑な意味をもつシンボルで、喜び、肉体の活力、神聖、尊敬などを表している。ワインは多くの宗教で儀式に用いられ尊ばれるが、古代の多神教では、葡萄は酩酊、喜び、豊かさの象徴だった。

多くの文化で、ワインの貯蔵庫に女性が入ると品質が悪くなると考えられ、入室をを禁止していた。

喜びと五感の神であるディオニュソスが、この悦楽の植物を、やがては死にゆく人間に与えたと伝えられる。ユダヤの伝統では、ワインは救済の象徴であり、キリスト教徒にとってのワインは、キリストの血を通して、復活の象徴だった。

1764年、デュシェーヌが「ヨーロッパで産する最高の飲物」といったワイン以外に、ブドウは生食、乾燥果実および、酢、ブランデー、アルコールの原料になる。

マリー・アントワネットの調香師ジャン・ルイ・ファージョンは、ブドウの成分に精通していて、女性の美しさを際立たせる化粧品に応用した。彼が推奨する美容法では、「カリネ水──5〜6月にかけて、ブドウ木からしみ出る樹液で顔を洗う」「果汁で、日焼けによる色素沈着を消す。緑のブドウの房を取り、水に漬ける。ミョウバンと塩を降りかけ、紙で包み、熱い灰の上で蒸し焼きにして果汁を絞り、それで洗顔する。日焼けの除去に非常に有効」であるという。

フランス革命暦7年、トリアノンのブドウの株は引き抜かれ、パリ植物園に移された。

ブドウの木は東屋や歩道の覆いとして、テラスなどの装飾用植物として魅力的で、壁に沿って這わすこともできる。日当たりの良い場所と湿気を好むが、土壌は水捌けが良くなければならない。剪定は冬の終わりにする。食卓用の品種（シャスラ、マスカット）や、ワイン製造用の品種（ピノノワール、シャルドネ、カベルネ）がある。

VITIS vinifera.   VIGNE cultivée. var. *Chasselas doré.*

P. Bessa pinx.   A. Legrand sculp.

ベルヴェデール

ヨウシュジンチョウゲ

Daphne mezereum

仏語では、Bois-joli（可憐な木）として知られ、2月頃から、
繊細な香りの赤い小さな可憐な花を纏い、春の訪れを告げる

フランスでの一般名として mézéréon、garou、bois-gentil などがあり、森林の低い場所に生育する。

この灌木は、花々の豊富な季節にも注目を集めるが、盛りの実は魅惑的であり、春の訪れを知らせてくれる。紫の花の連なりは、オークの乾いた葉とよく調和する。香りは心地よく、冬の日々を過ごした体を安らぎ、回復させる。春の風に乗って最初に感動を与えてくれる。(Buchoz, Traité de la culture des arbres et arbustes, 1786)

18世紀には、白い花や緑と白の斑入り葉など、種々の品種が栽培されていた。1784年4月15日、モロー・ド・ラ・ロシェット氏は、40本のヨウシュジンチョウゲをトリアノンの庭園に送っている。

植物学者のリチャード・ブラッドレー (1688-1732) は、次のように報告をしている。「その植物の果実を数個食べましたところ、味は悪くはなかった。しかしその1時間後から、咽喉に異常な熱感を覚え、12時間にわたって強烈な、消耗性の熱性刺激に見舞われた」。今日の科学者は、実験からその本体の危険性を指摘している。

7〜9月に熟す赤い果実は、哺乳類には毒性を示すが、多くの鳥類はこれを食している。これらの果実は、狼避けとして（1匹当たり6個）用いられた。

ラテン語では、古代ギリシアの女神ダフネと呼ばれ、テッセリア、ペネウスの娘ともされ、アポロに誘惑され月桂樹に変身した。

この華麗な灌木はジンチョウゲ科の植物で、ヨーロッパ全域で生育する。高さ1.5mに達し、日差しと白亜質の土壌を好み、日陰や湿地は好まない。栽培種は白、八重、落花性などの品種があり、広く庭園に用いられる。実には毒性があるため、子供が接触しない環境で育てる必要がある。

DAPHNE Mezereum.   DAPHNÉ Mezereum. *page 21*

*Pyracantha
quibusdam* I.B.

ベルヴェデール

ピラカンサ

Pyracantha coccinea

公文書では王妃の庭園でピラカンサを購入した記録が残っている。
1776年に25株、1784年4月には500株が届けられた

　ピラカンサは、柵、生垣、歩道の縁などに用いられる。形状を維持し、葉と実が全体に均一になるように定期的に剪定された。

　プロヴァンス地方やイタリアでは生垣として自然に生育する。サンザシと同様に栽培され、冬中、木に残る美しい実と、常緑の葉によって、個人の庭で育てられている。どんな形にも整形することができ、生垣状に整枝すると、サンザシ同様に魅力的である。(Buchoz, Traité de la culture des arbres et arbustes, 1786)

　デュアメル・デュ・モンソー(1755)は、この植物をセイヨウカリン(*Mespilus pyracantha*)の一種に分類し、次のように記述している。「ピラカンサは3月の花も魅力的だが、秋に房状に付く赤い実が燃える火のようで、より素晴らしい」

　装飾性に富んだ赤い実は、冬の低木として理想的である。挿し木で増殖し、乾燥した土壌を好む。その実はツグミが特に好むという。

　名前はギリシア語のpyros(火)とacantha(トゲ)に由来し、トゲで覆われた枝と明るい赤色の実を表している。仏語での一般名はbuisson ardent(燃える灌木)で、モーゼと「燃え尽きることのない木」の話(出エジプト記3：2)に関連している。

東南ヨーロッパおよび小アジア原産、樹高5mに達する。春遅くに白い花を咲かせ、12月にかけて小鳥が好む赤い実を付ける。栽培品種では、オレンジ、レンガ色、黄、白の実を付けるものがある。バラの仲間(Rosaceae)で、果樹と同じ病気に罹る。自然に浸入した種と考えられる。

EVONYMUS latifolius.   FUSAIN à grandes feuilles. *pag. 44*

P. J. Redouté pinx.   *Moret Sculp.*

ベルヴェデール

ニシキギ

Euonymus europaeus, E. latifolius, E. americanus

この灌木は特に白亜質の土壌に適している。
秋には、装飾性のあるピンクから赤の実を付ける。
フランスではしばしば司祭の帽子と呼ばれるが、これは、実の形が、
カトリック教会の枢機卿がかぶる四角い法冠に似ていることに由来する

1776年、トリアノンの王妃の庭園が受領した植物リストの中に、*Euonymus americanus* の品種が記載されている。デュアメルも、ヴァージニア産の緑と赤の花を咲かせるニシキギがトリアノンで育てられていると述べている。

ニシキギは、5月の末に開花する。緑がかった白い花には面白味がないものの、霜が降りるまで色あせない、赤あるいは紫がかったピンクの実がなり、この植物は秋の低木として人気がある。3番目の *E.latifolius* は、大きな紫の実と、広い装飾性の葉を有する。
(Duhamel du Monceau、Traité des arbres et arbustes, 1755)

植物学名「euonymus」は、ギリシア語で「上手い、あるいは適切な命名」という意味をもつ。伝統的に幸運の使者と考えられ、その木は占いに用いられた。

ニシキギから得られる木炭の棒は、人類最初の筆記用具のひとつで、後には上質の製図道具になった。ニシキギの黄色を帯びた木材は、糸巻きや紡錘に用いられ、仏語名 (fuseau)、英語名ともにこれに由来している。また編み棒や象嵌にも用いられる。

実には強い瀉下作用があり、疥癬、殺蚤剤、髪の脱色などに用いられた。

ヨーロッパニシキギは、樹高4mを超えることは希で、秋に美しく、ピンクから赤い実と、黄から緋色の葉を付ける。栽培品種では、より大きな実を付けるものが選別される。*Euonymus latifolius* は東南ヨーロッパおよびイランの原産。この植物は、特にその実が有毒である。

ベルヴェデール

クロウメモドキ

Rhamnus alaternus

1784年4月15日60株のクロウメモドキが、
モロー・ド・ラ・ロシェット氏によって、王妃の庭園に運ばれた

デュアメル・デュ・モンソーの『Traité des arbres et arbustes フランス樹木誌』(1755)には、次のように記述されている。

クロウメモドキは非常に魅力的な低木で、光沢のある緑の葉は、冬も常緑である。花も実もない状態では、葉が茎から交互に伸びていることから、対称に伸びる *Phillyrea*（モクセイ科）とは容易に区別できる。花は小さな房状を呈している。

上の記述に続いて、大小の葉、斑入りな細い葉など、8種の異なった品種について述べている。

クロウメモドキは常緑なので、しばしば冬の低木として用いられる。トリアノンの庭師は秋に敷き藁をして、冬も戸外に置けるようにした。

木材はカシの木に類似し、上質の飾り箪笥に用いられた。ポルトガルでは染料業者が、木部の煎剤を織物用の青黒色染料に用いていた。

ピエール＝ジョセフ・ビュショの『Dictio-nnaire universel des plantes, arbres et arbustes de la France フランス植物、樹木、低木大辞典』(1770)には、薬効についても記述されている。「薬理的にはクロウメモドキには収斂性があると考えられ、咽頭痛のうがい薬として、またプロヴァンス地方の医者では水痘の治療に、根の煎剤を用いる者がある」

この地中海沿岸原産植物の原種は、乾燥してやせた台地で、芳香低木が繁茂するガリーグ地帯に自生し、樹高は4〜5mに達する。乾燥に強く、濃い常緑の葉と、春には蜜の香りがする黄白色の花をつける。現在では栽培されることが少なく、成長の早い他の植物に置き換えられている。

RHAMNUS alaternus   NERPRUN alaterne.

Aquilegia variegata.

Aquilegia vulgaris. (*Linn*)
France.

ベルヴェデール

オダマキ

Aquilegia vulgaris

医師は出産を促すために、種子をワインに混ぜて飲むことを推奨した。
おそらくは王妃の侍医ラソーヌも、1778年7月31日金曜日、
王妃の最初のお産にこれを処方したのだろう

マリー・アントワネットの長女マダム・ロワイヤルは難産だった。王妃の寝室で誕生したのだが、王妃は気を失い、鼻と口から出血してしまった。その後、めったにこの処方を受けることはなかった。

ビュショは、オダマキについて、1770年、次のように記している。

呼び名はいろいろあるが、gands de Notre-Dame は高さ60〜90cmで外側が丸く、中空で溝のある、先端部が赤味を帯びた、まっすぐな茎をしている。フランスの森林地の日陰に自生し、6〜7月に開花する。実がよくつき、青、紫、赤、肌色、白の花をつける。大花壇の三列目で栽培される。品種には、小型、半八重、完全な八重咲きの花がある。

この青紫色の花をつける野生種は、古くから改良、栽培され、多くの色の栽培品種が生まれた。オダマキには食欲を増進し、利尿と発汗の作用がある。炎症や壊血病、口内潰瘍の治療に用いられた。オダマキは歯と歯肉を強化すると考えられ、種子は、その発汗作用から黄疸、麻疹、天然痘に有効と考えられていた。

フランスでは処女の花としても知られ、花頭をうな垂れた形が、若い娘と聖人の謙虚さとつつましさを象徴しているからという。一説には植物学名の由来は、aquila すなわち鷲（5枚の尖った花弁が、鷲の形を表す）であるといわれるが、より真実みがあるのは、ラテン語の aquilegus で、水彩画の意味である。

キンポウゲ科の仲間で、高さが1mほどになる。繊細な葉と花は、素朴な花束に愉快な彩りとなる。八重咲き、ピンク、白などの品種が存在するが、北米の交配種とは異なり、ヨーロッパの品種は花冠基部の「距」が短く、宝冠型の花を付ける。本種には毒性がある。

ベルヴェデール

セイヨウヒイラギ

Ilex aquifolium

「トゲのある輝けるヒイラギ」（デリール神父の言葉）は、
1778年に建築家リシャール・ミックがまとめた、
「トリアノン＝王妃の庭園における基本的な灌木リスト」に掲載さている

1775年、デュアメル・デュ・モンソーはヒイラギの37品種を列挙したが、その中には、赤、白、黄の実を付ける品種や、斑入り、長方形や丸型の葉、トゲの多いヒイラギ（*Ilex ferox*）が含まれていた。彼はこの植物、とくに斑入り品種に人気があるのは、その英語名によるものだと説明している。普通のヒイラギ（*I.aquifolium*）は大木の陰に繁茂するが、品種の中には直射日光に強いものもある。しばしば、円錐形や球形に剪定され、光沢のある葉と装飾性のある実によって、冬を飾る灌木になる。

ヒイラギの実は、仙痛に有効とされていた。樹皮と根の煎剤は脱臼に用いられた。木材は、木工品作成に需要があり、若い枝は、衣服の埃を払うムチや、ムチの取っ手に使用されていた。実の付いた枝は、冬季の休暇中、クリスマスの祭壇や暖炉を飾っている。

ヒイラギは「生命の木」と同義語で、常緑性の葉が復活や不死の象徴になっている。不思議な霊力を有すると考えられ、この杖や竿は魔女を懲らしめ、閉じ込めるのに用いられる（魔女は、特にヒイラギの枝で打たれることを嫌うという俗説による）。車大工は、ヒイラギの釘一本をその車に埋め込むことがあるが、悪魔を遠ざけ、乗客の安全を守るための厄除けである。この習慣は、後にキリスト教のクリスマスの儀式に取り入れられるようになった。

低い生垣によく用いられ、古くから、その常緑性の葉と装飾性のある実が好まれて栽培されてきた。栽培品種には、トゲの無いもの、斑入り葉、黄色の実、ピラミッド型の樹形などがあり、深い、水はけのよい土壌を好む。早春に剪定することで、鮮やかな緑の若芽を生じる。

ILEX Aquifolium.	HOUX Commun. *pag.1*

Redouté pinx!

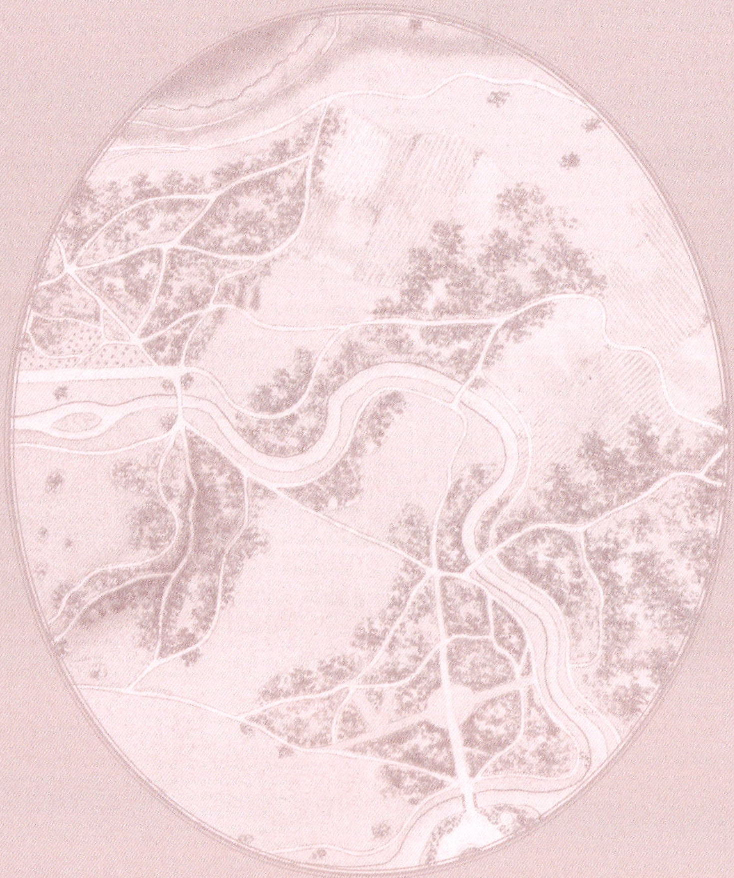

The English Garden

イギリス式庭園

イギリス式庭園は、大小トリアノン宮殿北東の植物園があった場所に作られた。伝統的なフランス様式とは逆の、中国式とイギリス式を折衷した最新式の庭園だった。

できるだけ形式にとらわれない自然なデザインで、小川、丘、草原などが造園され、展望台や愛の神殿もこの庭園に溶け込ませてある。

1774年に造園の着工をし、まもなく王妃や客人らは珍しい植物が植えられた、曲がりくねった小道を散策するようになった。当時、この庭園を訪れたイギリス人アーサー・ヤングは、次のように述べている。「小トリアノンには外国産の木や灌木が集められ、世界中の植物で飾られている。植物に不案内な者の眼には奇妙な植物や美しい花々が、専門家にはその知識の記憶を呼び覚ます」[1]

1) Young, Arthur Young's Travels in France, p. 83.

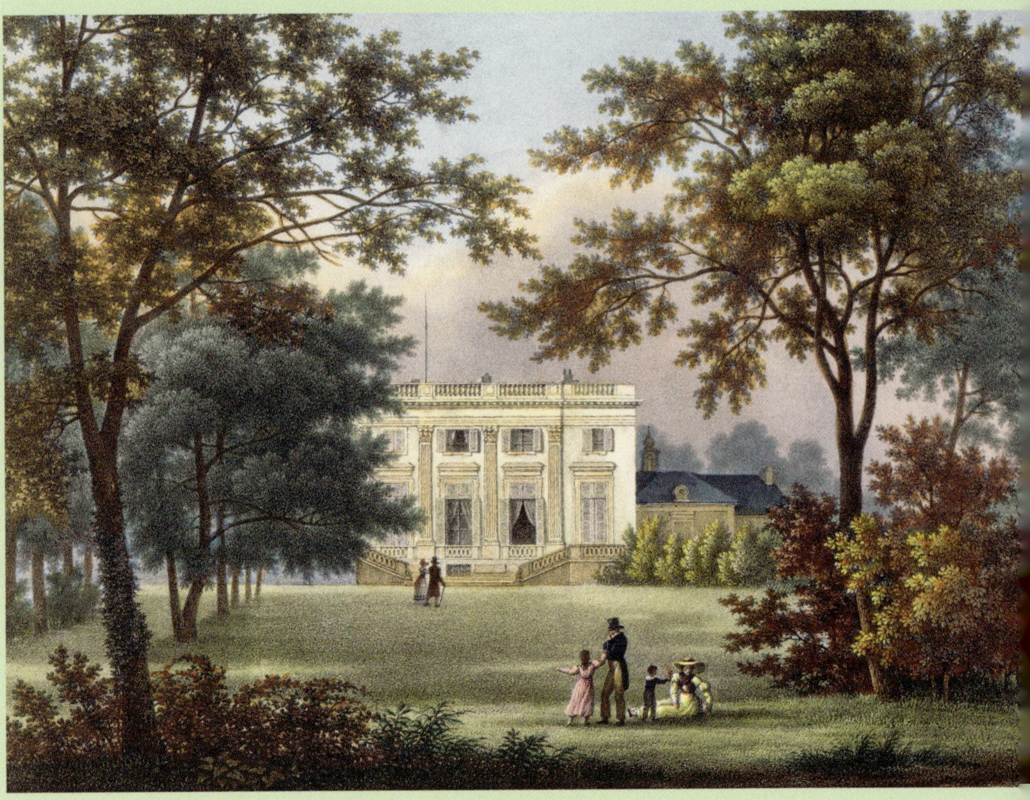

「宮殿の右手、まっすぐに行くと、王妃の自らの手になるイギリス式庭園がある。ルソーの小説『新エロイーズ』に登場するジュリーのように、王妃は『泉は部外者のために、ここには、私達だけのための小川が流れています』といったことだろう。ここには、自然の気紛れが、あたかも王妃の自然な形態のように存在している。小川は、泡をたて、曲がりくねって流れている。藪や茂みは、風が種を蒔いたかのように自然に生えている。800種の木々、稀少な種、カラマツ、テーダマツ、セイヨウヒイラギ、カシ、アカガシワ、イナゴマメ、中国のエンジュなどが混ざり合い、緑から紫や赤までさまざまな葉が、微妙な陰影を作り出す。花々は無秩序に咲き乱れている。地面は、自然に上下し、洞窟、湿地、小谷などが、いたるところで人工物の痕跡を隠している。小道は曲がり、途切れ、まっすぐに進むことなく、できるだけ長い道のりを作っている。石は岩のように組まれ、小丘は山を模し、芝生は大草原のようだ」

エドモン＆ジュール・ド・ゴンクール兄弟著
『マリー・アントワネットの生涯』（1858）より

左図：イギリス式庭園から見た小トリアノン宮殿、ルイ・フィリップ１世統治の時代（シャルル・ジャン・ゲラールによる、1790-1830、画）

ABIES Cedrus.   SAPIN Cèdre.

イギリス式庭園

レバノンスギ

Cedrus libani

1795年に記されたトリアノンの植物目録には、
大きなレバノンスギ（樹高20m）が、
緑の門の近くにあると記されている

著名な植物学者ベルナール・ド・ジュシューは国王ルイ15世に仕え、トリアノンに植物学校を設立し、フランスの栽培植物を集大成した。レバノンから2本のスギを運ぶ際には、途中で鉢が壊れたため自分の帽子に入れて運んだという。1本は1734年にパリ植物園の迷路に、もう1本がトリアノンへ、だと考えられる。

パリの庶民は、王妃の馬車がしばしば急いでヴェルサイユに向かうのを見ていた。王妃自ら造園の進捗を確認し、岩の位置、樹木の生長、水路の掘り起こし、夢を具現化していた。

明後日、1時にヴェルサイユに参ります。カンパン氏からボヌフォワ氏に伝えたように、すべての庭師を集めジュシュー氏が選択した木々の配置を決定しなければなりません。軽い飲物をジュシュー氏に用意すること、彼は私の前で、レバノンスギに水遣りをするはずです。

王妃がブートルー氏に宛てた手書きの書簡には、植物学に対する興味と、端々への際立った注意力が伺える。王妃のジュシュー氏への要求は、彼が植えた若いスギに、氏自ら水やりをして欲しいという驚くべき内容だった。この秀でた科学者は、1774年にルイ15世崩御後も、王立の養樹場に出仕していた。ヨーロッパ中の学会が敬意を払うこの老紳士に対して、王妃は大きな如雨露を持たせて楽しんでいたのだろうか？　この時、ジュシュー氏に話しかけることも、質問することもなかったと記録されている。ジュシュー氏自身は、この対応を軽蔑されたと理解し、トリアノンを訪問することは二度となく、1777年11月6日にパリで他界した。

レバノンスギは、ヨーロッパには17世紀の末に持ち込まれ、レバノン山脈で育った種子が、ロンドン西端にあるチェルシー植物園に蒔かれた。1682年、この実生苗がチェルシー自然園に移植され、1755年までには樹高が25mに達していた。当時の植物学者は、この独特の植物をどう分類すべきか迷った。カラマツか？（ツルヌフォールは *Larix orientalis* といい）マツな

のか？（リンネは *Pinus cedrus* という）モミなのか？ *Abies cedrus* モミ属のスギか。

> リンネ氏が、スギとビャクシンを同種とみなしたのはきわめて適切といえよう。ふたつの果実はほぼ同じで、ビャクシンによく似たスギの葉があり、他にはイトスギに似たものもあるので、見分けるのは困難である。したがって、ツルヌフォール氏の区別は不確実で、著者はこれら三種──特にスギとビャクシンは統一できると考える。
> (Henri-Louis Duhamel du Monceau, Traité des arbres et arbustes qui se cultivent en France en pleine terre、1755)

スギの特別な樹形と樹高は頻繁に引用されたが、当時の植物学者にとっては、きわめて希で、馴染みのない木だった。デュアメル・デュ・モンソーは次のように記述している。

> レバノンスギは巨大な樹木で、枝は水平に伸び、幹から約 8m にもなる。葉は深い影を作り、昼間の日差しがあっても木の下で手紙を読むことが困難なほど。フランスでは幼樹しかないが、ロンドン近郊チェルシーの溜池近くには 4 本の非常に大きな個体を確認している。この木は、葉を落とすことがない。

デュアメルは実験的な植樹を、彼の領地であるロアレ県ドナンヴィリエで行い、16 年足らずの期間で木は 11m 以上に生長した。イギリスの植物学者ローレンスは、個人が植えたスギが短期間に素晴らしい並木道を作った実例を挙げて、この木に対するフランス人の無関心を責めている。

ビュショの「Dissertation sur le cèdre du Liban, le platane et le cytise レバノンスギ、プラタナス、スズカケノキ小論」（1806）には、イチイなどに施されるフランス風の刈り込みについて記述されている。

> 確かにこの人工的形状は、元来の美しさを損なっている。自然のままに生育させれば、側部の枝は規則的な層を成し、大きく広がって折り返し、上下逆の形状を示す。上部は、葉で密に覆われ、緑の敷物様を呈して風害を防ぐ。特に斜面に繁茂させた場合には、遠方からも美しく見える。

この論文は、装飾材や木材としてのスギの栽培をフランスに広めることになった。

> 聖書にも登場するレバノンスギは、知りうる限り最も偉大な樹木で、育つ場所に栄光を与え、美しさ、有用性、育てやすさからあちこちで栽培が促進された。やせた砂地を好み、土地利用にも貢献している。

成長したスギの木は、今でも公園や大邸宅で見られ、アトラス シダー（*Cedrus atlantica*）は、南仏の人口森林で育てられた。

この木材はとても役に立ち、自らの観察だけで議論するには、ヨーロッパにおける生育個体数がいまだに少なすぎる。旅行者によると、この木は樹脂性の非常によい香りの樹液を出すという。

スギ材には、甘くウッディーで、アンバーグリスとレザーのノートをもつ得もいわれぬ芳香がある。王妃に下着、羊毛や絹製品を納めていたエロフ夫人は、複数のスギ材製の扇子を納めた記録を残している。スギ材は美しく、タバコのような茶色がかった黄色で殺菌性があり、腐食しない。心材は抗真菌性でカビが生えず、虫もつかない。こうした理由から商業的に乱伐され、名高いレバノンの森はほとんど砂漠化してしまった。アレクサンダー大王はレバノンスギで船を作り、原産地では家具が作られている。

これ以外にも、スギは神聖な木として、アブラハムに由来する3つの宗教で特別な力と永遠の命を与えるものとして崇拝されている。古代、スギの木には魂が宿り、知恵と洞察力につながっていた。木材には芳香性があり、儀式用のお香が作られる。古代エジプトでは、シダーのエッセンス（おがくずを水蒸気蒸留して製する）が、死体の防腐処置とミイラ作りに用いられ、エッセンスから作られた樹脂で死者を覆い、永遠の命を願いながら死者の姿を描いた杉板が棺桶の上に置かれた。香水や化粧品にも使用された。ケルト人の集落では、首長や名士の頭部をスギの樹脂で防腐処置した。

聖書によれば、シダーは神が自らの手で植えた唯一の木であり、賛美歌はこの木の象徴的重要性を詠っている。「正しき人はヤシの如く繁茂し、レバノンスギの如く成長する」（讃美歌92：12）神の怒りのみが、この偉大な木を破壊する。「主の声がシダーを倒す、神がレバノンスギを倒す」（讃美歌29：5）。

旧約聖書の「列王記」にも、ソロモンが宮殿を建てた様子が記載されている。「レバノンの森の宮殿は、奥行き50m、間口が25m、高さが15m、レバノンスギの柱を4列に並べ、その柱の上にレバノンスギの角材を渡した。そして、梁の上もシダーで覆った」（列王記7：2-3）

古代人はレバノンスギを不死の象徴と見なしていた。木の力強く多面的な象徴性は、力と威厳はその高さに、知恵と精神性はその芳香に、耐久性と永遠はその常緑性に由来する。

広く材木として用いられてきたため、原産地（レバノン山、シリア、トルコ）からはほとんど姿を消してしまった。樹高は20～50mにまで成長する。矮小種、しだれ、側生種などが庭園用に開発されてきた。水はけの悪い土壌や湿潤を嫌い、日光を好む。

イギリス式庭園

サイカチ

Gleditsia spp.

アメリカサイカチ——トゲサイカチの木（*Gleditsia triacanthos*）が、
トリアノンのイギリス式庭園、石橋の近くに立っていた

北東アメリカ原産で、ヨーロッパには1700年頃に持ち込まれた。マリー・アントワネットの時代、フランスではまだ珍しく、カナダやルイジアナから輸入された実生苗が育てられていた。1755年に、デュアメル・デュ・モンソーは次のように記している。

> この木は、かなりの大きさに成長し、非常に丈夫で、起伏のある樹木の茂った場所に植えている。アメリカサイカチは美しい葉と、5〜6月にかけて目立たない花が咲き、ほのかな愛らしい香りを発する。美しい葉は春の低木林を飾るが、夏用にも用いられる。

夜になるとサイカチの葉は自ら葉を閉じて翌朝、再び開く。トリアノンにはより珍しいサイカチの木が2本あった。1795年の目録には、*G.aquatica* すなわちテキサスの湿地原産の *G.'Inermis'* が実をつけたことが記載されている。王妃の庭園はおそらく、ヨーロッパに持ち込まれた最初の中国サイカチ（*G.sinensis*）の栽培地で、1797年のトリアノンにおける、保存すべき木の種類に入れられている。

植物学名の *Gleditsia* は、ドイツの植物学者で、ベルリンの植物園で監督を務めたJ.＝G. グレディチ（1714-1786）にちなんだものである。彼は、種の命名で有名な、スウェーデンの自然学者カール・リンネとも友人だった。リンネの友人は、美しい植物や印象的な木々の学名に名を残している。これは、リンネの学問上の宿敵が、地味な雑草の命名に熱心だったからだ。

アメリカサイカチの種子は、18世紀当時、貴重だったコーヒー豆の代用品だった。その莢には、食用果肉がある。種子の抽出物からは、布の染料も作られた。

アメリカサイカチは、成長の速い木で、樹高は30mに達する。その堂々とした形と黒く長い豆莢は、装飾木として人気があり、日光と湿潤で豊かな土壌を好む。

GLEDITSIA triacanthos.   **FÉVIER** à trois pointes.

Maronnier d'Inde.

Aesculus Hippocastanum.

イギリス式庭園

ト　チ

Aesculus hippocastanum

1776年、高さ約3.5mのトチの木36本が
王立の苗木畑に、
植樹のために、王妃の庭園への輸送された

1778年9月3日の庭園でのことと推察される。古い温室が取り壊されて、土木工事によって、新しい基礎工事がなされて、トチや他の品種が植樹された。第二の品種は、キトチノキ（英語で yellow buckeye, *Aesculus flava*）と呼ばれる品種で、イギリス式庭園の南東区画にある壁の隣に植えられた。1755年、デュアメル・デュ・モンソーは、トチの木が1615年に東部地中海から、パリの熱心な植物愛好家バシュリエによって、持ち込まれたようだと記している。100年ほど前には、フランスの公園に繁茂し、多数が繁殖していた。

トチは高木で、5月に明るい広葉に覆われ、紡錘状の赤味がかった白い房花をつけると、庭園に装飾効果を示す。その樹冠部はとても魅力的な樹形になる。

庭師はトチの木を春の庭園に、荘厳なアーチ型の歩道を作るのに使っている。若い葉の木漏れ日は多くの人々が愛するところだが、その葉が夏の暑さで黄変する傾向を、庭師は残念に思っていた。

医師は、トチの実の粉でクシャミを誘発させて、眩暈や偏頭痛などの症状の治療に用いる。

調香師は、トチの実のペーストを手の洗浄に用いている。乾燥させたトチの実は、貧しい人々の燃料になり、蝋燭の原料にもなるが、その灯りは「くすんで、弱い」といわれた。子供達は芸術家としての才能を試すために、トチの種子に顔の浮き彫りをしてみる。

この高く逞しい木は、バルカン半島および近東が原産で、まっすぐな幹と、魅力的な樹冠が特徴である。並木道や遊歩道などに広く用いられ、どのような土壌にも適合する。融雪と乾燥には影響されることがある。

ANDROMEDA mariana.   **ANDROMEDE** du Maryland.

イギリス式庭園

アセビ

Neopieris mariana, syn. *Andromeda mariana*

クロード・リシャールはアントワーヌ・リシャールの父で、
マリー・アントワネットの暮らす小トリアノンの庭師は、
泥炭質の酸性土壌を好む植物の順応に成功した。
アセビは、ジュシューによって、トリアノンの植物帳に載せられている

ビュショは、1786年にこの植物について述べている。

アセビは、海洋諸島の原産で、丸型や槍型の葉をしている。葉は交互に伸び、縁は滑らかで堅く光沢があり、小花柄と花は房を形成する。花期は6〜7月で、花を支える枝は片側にトゲがある。花は白から緑で、垂れ下がる。花冠は円筒形で、上部から開花する。フィラデルフィアからメス州知事のシャゼル氏に送られた実生苗はよく育った。

さまざまなアセビの品種が、フランスの新しいイギリス式庭園を飾っている。ヒースに似ていることから、特に人工の岩山に植えられた。6〜7月以降はイギリスの泥炭地を模した庭園での需要が多くなった。

1782〜1783年、ジョン・ウィリアムズは、トリアノンのイギリス式庭園ために、アントワーヌ・リシャールに花のついたヒメシャクナゲ *Andromeda polyfolia* とセイヨウイワナンテン *A.axillaris*（*Leucothoe axillaris*）を提供した。

ツツジ科の仲間には、*Andromeda Pieris*、*Leucothoe*、および *Lyonia* 属（ネジキ）などの灌木類が含まれる。アセビは泥炭の多い、アメリカ北東部の森が原産で、ヨーロッパには1736年に導入された。その葉は、秋には装飾性に富んだ赤い紅葉に変わり、樹高が1.5mを超えることは希である。

イギリス式庭園

ウルシ

Rhus typhina

北アメリカ原産、この装飾性の高い灌木は、
しかるべく王妃のイギリス式庭園の木に選ばれた

小さく特徴的な植物は、毛で覆われた茎の先に複合葉をつける。初夏には、黄緑色の房状花を咲かせ、装飾的な実と秋の紅葉が、18世紀の庭師に注目された。夏と秋の低木として植えられ、赤い実の塊が良い効果を加えた。

デュアメル・デュ・モンソーの『Traité des arbres et arbustes qui se cultivent en France en pleine terre フランス全域の高木と低木』(1755) には、トリアノンにあるウルシの品種について記載されている。そこには、赤味のあるオレンジ色の実をつけるもの、黒い実が特徴的なもの、幹に羽が付いた形のものなどが、見られる。この論文は、続けて「これ以外に、リシャール氏は、ヴァージニア種に似た、ただし、より大きく、明るい紫色の毛があり、白い花をつける品種を作り出している」と記載している。

ヴァージニア種(*staghorn sumac*)は、1778年の植栽記録にあり、1795年の目録では、*Rhus copallina* あるいは *Schmaltzia copallina* が石橋と湖間の歩道沿いの区画に存在している。

アメリカでは、ウルシの葉を革のなめしに用いていた。実の煎剤は繊維の染料に用いられていた。医薬品としては、同じ実の煎剤が、傷口の止血に用いられていた。

ヴァージニア種は樹高5mを超えることはまれで、ほぼ同じ太さの幹と枝に成長する。秋にはみごとな紅葉と緋色の実が、観賞用低木として魅力的であり、多くの呼吸根を出す。日当たりの良い場所で風が当たらないように育てていく。ツタウルシ(*Rhus toxicodendron*)に比較すると、毒性は弱いが、取り扱いには注意が必要で、アレルギー反応を起こすことがある。

RHUS typhinum. SUMAC de Virginie. *pag. 163*

イギリス式庭園

ボウコウマメ

Colutea spp.

1776年、30株のボウコウマメが、花壇用の実生苗として、
王立養樹場に運ばれ、王妃の庭園に移植された

ボウコウマメは赤茶色の豆果が特徴的で、熟すにしたがって膨張し、半透明になることから「膀胱」マメの名が付いた。多くの花をつけること、魅力的な群葉、速い成長、装飾性の実などが、鑑賞用庭園に欠かせない植物にしている。もうひとつの外来種（*Colutea orientalis*）も、黄色い縞の入った赤い花が咲き、先端に向って豆果が裂ける特徴があり、賞賛された。ビュショ（1786）によれば、「この品種は、最初のものより一般的で、丈夫です。その花は庭園に魅力を加味します」

この植物のフランス名 baguenadier は、動詞の baguenauder に由来し、意味は、散歩する、あるいは放浪するになる。同じ動詞は、豆莢を弾けさせる子供の遊びに伴う、たわいの無い追いかけっこを表現する。

Baguenaudier（知恵の輪の一種）は、紀元前200年頃の古代中国で発明されたパズルの名でもある。発明者の Hung Ming は兵士で、戦地に赴く際に、かわいそうな妻の気晴らしのために、3つの輪がつながったパズルを残していった。

「たわいのない追いかけっこ」は、マリー・アントワネットの性格にもつながるものだ。この「田舎娘」は、元気がよく、愉快で、逆境に強く、休火山の上でダンスをする屈託の無い娘、子供のような女性、木陰にプライバシーを求めた輝ける王妃、素朴にして偉大、歴史上の役割を理解して、母を愛した悲喜劇の象徴、幼少時への強い郷愁、失った歓喜を永遠に探し続ける存在だった。

マメ科の仲間ボウコウマメは、樹高が3.5mに達する。成長が速く、生育条件が厳しくないことから、海岸や岩地などの痩せた土地の灌木として理想的で、しばしば他の植物の防御林を形成する。成長期以前に、深く刈り込むことで、年の後半に多くの花を咲かせる。

COLUTEA Orientalis.   **BAGUENAUDIER** d'Orient.

P. J. Redouté pinx.   La Chaussée Sculp.

イギリス式庭園

キササゲ（アメリカキササゲ）

Catalpa bignonioides and C.ovata

イギリス式庭園の北、見晴台の右手にある「キササゲの部屋」は、
最近ヨーロッパに導入されたばかりの、この壮麗な木の展示室でもある

Catalpa bignonioides は、一般にはキササゲあるいはアメリカキササゲと知られている。この木は植物学者のマーク・ケイツビーによってカロライナ地方で発見され、1726年に種子がイギリスへと渡った。この木はフランスの気候によく適合し、7〜8年で花をつける。7〜8月頃から咲きはじめる白い花は、やや紫色を帯び、枝先に長い円錐状の花を呈し、芳香を発する。外国の木として、散歩道沿いや一本だけでも植樹された。ビュショの『Traité de la culture des arbres et arbustes 高木・低木の栽培』(1786)では、大きな葉が破れぬように、風を避けられる場所に植えるべきことが記されている。また「キササギは、芽吹くのが非常に遅く、時には春の終わりになり、多くの人々が、木が枯死したと勘違いして、切り倒してしまうことがある」とも記されている。

1795年、トリアノンの植物目録では、アッベ・ガロワが中国から持ち帰った種子から育てられ、樹高12mの中国キササゲ（*C.ovata*）が、愛の宮殿とトリアノン宮殿の間に立っていると記されている。この稀少な木は、黄色味を帯びた淡いクリーム色の花を5〜6月に咲かせる。

他の植物同様、ノウゼンカズラ科の仲間は、第三紀時代のヨーロッパに存在したが、東アジアやアメリカの種と同様に、氷河期を生き残れなかった。アメリカキササゲ（*Catalpa bignonioides*）は、アメリカ南東部の原産で、水路沿いや湿地に自生する。公園や庭園の常連で、速い成長と15〜18mに達する樹高、群葉、円錐花序、そして装飾性のある実の莢が喜ばれる。

CATALPA cordifolia. CATALPA à f.^{lles} en cœur. *pag. 13*

P. J. Redouté pinx. Tassaert Sculp.

STYRAX officinale.   **ALIBOUFIER** officinal.

イギリス式庭園

エゴノキ

Styrax officinalis

稀少な植物でとても多くの花をつけ、
イギリス式庭園では特別な存在だった。エゴノキの花は白く、
釣り下がる釣鐘型で小さな房を形成し、初夏に繊細な芳香を発する

上品な形の低木でマルメロと外観が類似しているが、花はオレンジに似ている。葉の表面は美しい緑で、裏には白く毛が生えている。

1755年、デュアメル・デュ・モンソーによるこの種の研究に関する記述では、原産はシリア、トルコ、およびプロヴァンス地方、特にモントリューのシャルトリューズ修道院付近の森であるという。後者は、輸入品種が自生したものと考えられる。

> この木は、幹や枝の傷から滲み出す芳香性の樹液も珍重されている。ゴム状の樹脂は、「蘇合香スチラックス」として販売されている。

香水製造者から高い評価を得るエゴノキは、昔から商業用香水の製造に使用されたようだ。今日では、昔用いられた「蘇合香」が東洋のモミジバフウ（*Liquidambar orientalis*）のもので、王妃のイギリス式庭園のものと同じと判明している。18世紀、ジャン・ルイ・ファージョンは蘇合香スチラックスについて次のように述べた。

> 蘇合香には光沢があり、灰色で固く、やや脂肪性、歯で噛むと柔らかくなり、白い穀物やパン粉から出来ているようで、砕いたアーモンドのような苦味がある。ただし良い風味で、キナの樹脂の芳香を持つ、柔らかな浸透性のある香料。

植物学者ピエール・ジョセフ・ガーデルによれば、この樹脂は創傷の治療に有効で、傷を短期間で治癒させる。内服では、効果的な利尿剤。その種子は非常に堅く、修道士が教会で使用するロザリオに用いられ、フランスではシャルトリューのロザリオと呼ばれている。

エゴノキ科の仲間で、涼しく、湿潤な土壌を好む。その優美な輪郭は、開花時に最も映える。この木が幹の傷から分泌する蘇合香は、香水産業や製薬産業で広く利用される。

イギリス式庭園

マハレブサクラ

Prunus mahaleb, syn. *Cerasus mahaleb*

自らの魂、および世界の存在からの脱離の象徴、
マハレブサクラは王妃の、コンシェルジェリーにおける、
囚人としての最後の月日を予言していた

マリー・アントワネットは側近からも拒まれ、しだいに王妃としての地位も衣服も剥ぎとられていくと、「もう、私を傷つけるものは何も無い」と述べている。じめじめした、悪臭のこもる独房に閉じ込められ、王妃のベッドは木製に藁のマットを敷、マットレスは穴だらけ、汚い毛織のカバーが掛けられていた。

暖房は止められ（王妃は8月の初めに収監された）、新しい下着が与えられることはなかった。しかし最後には、敷布とレースの枕、下着、2足の黒い絹のストッキング、2足の靴、お白粉とパフ、歯の洗浄用芳香水が与えられた。他の所有物とアクセサリ、常に指から指に移動させ、退屈と不安を紛らわしていた、一文字のダイヤの指輪3つ、鉛筆と紙、母から送られた金時計など、すべてが没収された。

王妃には、もはやつぎはぎの当たった黒と白の2着の服しか残されていなかった。「逆境にあっても、自分が誰であるのか、という強い意識を持たねばなりません」とかつて母親に書き送っている。

18世紀、マハレブサクラは豊かな芳香と、白い花が喜ばれ、春の低木林に用いられていた。英語名セントルシアの語源は、おそらくヴォージュの聖フランシスコ修道院に由来し、修道士がこの木を、良質で堅い木材として育てていた。

植物学者のデュシェーヌとビュショは、由来をサムピニー近くロレーヌにあり、この木が多く育てられていたサント＝リュシ村と考えている。2つの小さな蜜腺が葉柄の根元にある。木部には精油が豊富で、18世紀の南フランスの調香師の間では、ma-galebとして知られていた。果実の中の種子は、石鹸や糊の原料として、また香水の芳香増強剤として用いられた。

ヨーロッパおよびアジア原産、樹高は12mに達する。通常の桜に比べて葉が小さい特徴があって、木部と葉に芳香があり、今日では主に、通常の桜を接ぎ木する際の台木に使用される。

CERASUS Mahaleb.   CERISIER de Sainte Lucie.

イギリス式庭園

セイヨウハナズオウ

Cercis siliquastrum

1780年、シュバリエ・ベルタンは、トリアノンのイギリス式庭園の
セイヨウハナズオウ（フランスでは guainiers）の花の見事さを
讃えて、詩を書いている

　セイヨウハナズオウは南フランスに自生し、種から簡単に育てることができる。

　樹高は中程度ながら、普通に生育する樹木の中では、最も素晴らしい木のひとつである。私が観察している個体は、幹の直径が少なくとも23〜25cmある。葉は大きく丈夫で魅力的、虫の食害を受けることもない。

　この木が最も美しいのは5月で、非常に多くの紫と白の花をつける。なかには幹から直接咲く花もある。花は良い状態で3週間も咲き続ける。このことから、この木は春の低木林における主要な装飾植物である。

　1755年の記述で、デュアメル・デュ・モンソーはハナズオウについて、球形に刈り込まれたり、柵に養成したり、四目垣のアーケードを覆うこともできると続けている。

　1778年には、棒状に養成されたハナズオウがトリアノンの区画造りのために注文がなされた。さらに300株が、1784年4月15日にモロー・ド・ラ・ロシェット氏から送られた。

　中東で一般的な伝説では、イエスをローマ人に売ったユダが、自ら首を吊ったのはこの木で、その花はユダの後悔の涙を反映している、とされている。フランスでこの木は、ユダヤの木と呼ばれる。蕾は酢に漬けられて香辛料になるが、風味はあまりない。

地中海沿岸および近東原産の小木で、樹高が10mを超えることは希である。4〜5月に咲く、壮大な花は、公園や庭園で人気がある。栽培品種には、白や紫の花、斑入りの葉があり、日当たりの良い場所で成長する。

CERCIS Siliquastrum.   GAINIER d'Europe.

イギリス式庭園

タイサンボク

Magnolia grandiflora

1773年10月、まだ皇太子妃だったマリー・アントワネットが
トリアノンの庭園を訪れた際に丸2年間にわたり、
花をつけている大きなタイサンボクの話題が何度も繰り返された

マリー・アントワネットは5月に咲く、ボタンに似た、香りの良い白い花を愛した。白は彼女が好きな色で、白い花の芳香が好みだった。この木は、フランス、モンペリエの植物学者で薬学教授ピエール・マグノール(1638-1715)に因んで命名された。フランスではこの木はチューリップ ローレルとしても知られ、北アメリカ原産で、ヨーロッパには18世紀のはじめに、おそらくバリン・デ・ラ・ガリソニエール提督によって運び込まれた。ビュショは、『Traité de la culture des arbres et arbustes 高木・低木の栽培』(1786)で、次のように記述している。

この立派な樹木は、林地を芳香に包み、美観は5〜11月にかけて続く。最初に大きく芳しい花が咲き、次に光沢のある果実が実る。実と葉は通年性で、その2色が、風に揺れて素敵な効果を示す。もうひとつ、この木の価値を高めているのはフランスの風土への適合性です。パリのシャイヨー料金所近く、マルブフ夫人の庭に咲き誇り、サン゠ジェルマン゠アン゠レーのマルセル・ド・ノアイユ庭園にも見られる。

第2の種、*M.acuminata* すなわちモクレン(cucumber)は、愛の神殿近くの島に植樹された。この種は、小型で芳香のある黄色の花をつけ、その果実は若いキュウリに似ていることが、その英語名(cucumber)の由来。

葉が出る前に花が咲く、公園や庭園で育成されている、他のモクレン科の木と異なり、タイサンボクは常緑性で樹高は20mに達する。その大きな白い花は、季節を超えて開花し、装飾性に優れた果実をつける。暖かく湿潤な土壌を好む。

MAGNOLIA grandi flora.   MAGNOLIER à grandes fleurs.

Turpin Pt.   *Lambert Jn. Sculp.*

VIOLETTE.

イギリス式庭園

スミレ

Viola odorata

小トリアノンの庭園では、王妃の侍従ボヌフォワが、熱心に
スミレ花壇の世話をしていた。バラと、スミレは
マリー・アントワネットが特に愛したお気に入りの花だった

スミレは、イギリス式庭園に生えていた（現在でも存在する）。その甘く、柔らかな芳香は、マリー・アントワネットを喜ばせた。王妃になった当初、彼女は母マリア・テレジアの忠告に従い、フランスおよびヨーロッパの宮廷の雰囲気に合わせていた。

新しい服のスタイルは王妃風、髪型は王妃風、流行のもの優雅なものはすべて王妃風、服、宝石、靴、香水、台所の食器まで。

したがって、王妃の調香師も、芳香水、パウダー、軟膏などを王妃風に調製した。マリー・アントワネットは、甘い香り、特にスミレのクールで新鮮なノートを好んだ。それは、彼女の繊細で透明な肌色を、完璧に補完した。ジャン・ルイ・ファージョンはその論文「L'Art du parfumeur 香水の芸術」の中で、「この花の香りは、非常に喜ばれた。香りは蒸留からは得られないが、精油の形で採取できる」。アヤメの根も、香水にスミレ様の香りを加えるのに用いられた。

スミレは若さ、美貌、寛容の象徴であり、マリー・アントワネットはスミレを大流行させた。香水として身にまとい、ジャムとして食し、化粧クリームに用い、バターに香りが添加された。スミレの花はサラダも飾りたてた。

18世紀にはパリ近郊の森で摘まれたスミレの花束が、パリの街角で売られた。1750年、園芸家達は八重咲きのスミレを選別して栽培するようになった。スミレは丈夫で栽培がやさしく、花は毎年、低木林、植え込み、境栽などを飾っていた。

ヨーロッパ、北アフリカ、アジアの原産の小さな多年生植物は、森に自生し、匍匐枝(ほふく)によって、広範囲に広がってゆく。淡い青、白、ピンク、一重、八重などの品種があり、快い香りと、早い開花により、庭の植物として人気がある。

Pl. 110.
Aubépine épineuse. Cratægus Oxyacantha L.

イギリス式庭園

サンザシ

Crataegus laevigata, syn. C. oxyacantha

マリー・アントワネットは、何よりも花々を愛していた
彼女はサンザシの白い花と、豪華な香りを称賛していた

5月、芳香のあるサンザシの花の房が、イギリス式庭園の低木林や生垣を飾る。八重咲きのピンクの花が、特別に華やかで、ルイ15世のお気に入りだった。しばしば柵として整形され、刈り込まれて整枝された。1776年、20株の八重咲きサンザシが王妃の庭園に届けられた。1778年には、白とピンクの株が移植された。

北米原産のサンザシ（*Crataegus crus-galli*）も、トリアノンのイギリス式庭園にあり、秋の明るい紅葉に装飾性がある。

蕾を食酢に漬けて保存し、ケーパーのようにサラダに入れて食用にする。子供は、果実を生食する。種子には利尿作用があり、果実と木部には収斂作用がある。サンザシのシロップは風邪の治療に効果的。

堅く節の多い木材は、杖に用いられ、大工は車輪のスポーク、ランプの竿、風車の軸等の機械部品に使用する。サンザシ材は特に堅く、曲がりにくいため、良い釘が作れる。

北ヨーロッパでは、サンザシは種々のラテン名と一般名が知られている。*C.oxyacantha*、イギリスサンザシ——メイフラワー（*C.laevigata*）、イケガキセイヨウサンザシ *C.monogyna* など。後者は、果実中の種子が1個であることから区別される。一般名のサンザシには約200種の品種があり、すべて北半球の原産。今日では、これらの多くが防風柵に用いられている。

イギリス式庭園

エンジュ

Styphnolobium japonicum, syn. *Sophora japonica*

エンジュの木は、イギリス式庭園の珠玉のひとつで、
1774年に植樹され、今もトリアノンの北に生存する素晴らしい木

　1742年、エンジュ――日本エンジュの種子が「未知なる中国の木」のメモが添えられて、イエズス会の自然学者、ピエール・ダンカルヴィル神父によって、ベルナール・ド・ジュシューのもとに送られてきた。神父は、18世紀前半に中国に渡った最初の修道士のひとりである。この種子は、目的地に到着するのに5年を要し、その後、庭師ジュシューによって研究され、1747年、「王立薬草園」別名「王立庭園」に植えられた。エンジュは1779年に初めて花をつけた。もうひとつの株は、サン=ジェルマン=アン=レーにあるマレシャル・ドゥ・ノエルの庭園で咲き、3番目は、「王立薬草園」の別の株に続いて、マルブフ侯爵夫人の庭園で花を咲かせた。フランスで採取された種子から育った株で最良のものは、グロ・カイユにある、モンテシュイ氏の庭園にあった。トリアノンの庭園にも、チリやニュージーランド原産の *Sophora microphylla* があり、ペンダント型の黄色い花を咲かせる。この株は、1782～83年、ジョン・ウィリアムズから宮廷庭師リシャールに、イギリス式庭園のために提供されたものである。

　葉芽と葉は黄色の染料を取るために、花の香りは化粧品に用いられる。

　エンジュの木は、頻繁に仏教寺院の境内に植えられ、英名は仏塔パゴダに由来してPagoda tree となる。Sophora は、アラビア語の sophera あるいは sephira に由来し、黄色の色素を産する木、あるいは黄色い花を咲かせる植物を意味している（asfur はアラビア語で黄色の意）。

中国、韓国、日本原産でこの国々ではごく一般的な植物。樹高は25mに達し、遠くまで伸び、曲がりくねって垂れ下がる枝が魅力に富む。日光と部分的な日陰を好む。栽培品種 Pendula は装飾性の高い「しだれ」種で、イギリスでは広く栽培されているがフランスでめったに見ない。

SOPHORA Japonica.   SOPHORA du Japon.   pag 84

P. J. Redouté pinx.   La Chaufsée Sculp.

イギリス式庭園

日本ツバキ

Camellia japonica

1783 年、ピエール＝ジョセフ・ビュショは、『Le Jardin d'Éden, le paradis terrestre renouvellé dans le jardin de la reine à Trianon, ou Collection des plantes les plus rares qui se trouvent dans les deux Hémisphères』を出版し、そこに日本ツバキの版画が収載されている

東南アジア、特に中国の原産で、西洋には 1692 年、オランダ東インド会社の主任外科医エンゲルベルト・ケンペルによって輸入された。リンネは、イエズス会の神父で植物学者 Camellus として知られるゲオルク・ヨーゼフ・カメルにちなみ命名した。

彼は 1700 年にツバキをザクセンに運ばせ、西洋では 1739 年にイギリスで初めて栽培され、すぐにヨーロッパ中の宮廷が驚くべき植物のサンプルを求めた。華々しく明るい花を 9 ～ 3 月の冬季にたくさん咲かせ、多くの形状品種があり、「寒さに動じない冬のバラ」とも表現されている。花言葉は特に詩的で、マリー・アントワネットを魅了した。白いツバキは苦痛の表現「あなたは私の愛をあざ笑う」。一方で、赤いツバキは「私はあなたの愛を誇りに思う」と。

中国の女性は決して髪にツバキを飾らないという。ツバキは最初に蕾ができてから開花まで長い時間がかかるので、髪に飾るのは縁起が悪く、男の子を授かるまで長い年月がかかるからだという。

結婚後、王妃が不妊症だという悪意に満ちた噂を流され、王妃を苦しめ続けたが、結婚から 8 年後ついに女児を出産する。マリー・テレーズ・シャルロット「マダム・ロワイヤル」は 1778 年 12 月 18 日に誕生。その 4 年後の 1782 年 10 月 22 日には遂に王太子が誕生する。ルイ 16 世は喜びに溢れた。1785 年 3 月 27 日には次男ルイ・シャルル、ノルマンディー公爵が生まれた。この快活で健康な少年をしても、かつての王妃に対する民衆の人気を取り戻すことはできなかった。慣習にしたがってパリに戻ったマリー・アントワネットは幽閉されると、冷ややかな沈黙に出迎えられ、「私が何をしたの？」とつぶやいた。当時の彼女の髪にはツバキが飾られていたかもしれない。

バラと同じくツバキの灌木（樹高 6 ～ 9m）は一重、半八重、八重、アネモネ型、ボタン型、赤、ピンク、藤紫、斑入りと無数の品種が存在する。

CAMELLIA Japonica.   CAMELLIA du Japon.

イギリス式庭園

ヤマボウシ

Cornus sanguinea

この植物のラテン名は、その赤い樹皮に由来する。
ヤマボウシは呪われていると考えられており、枝を長く持ち続けると
発狂し、狂犬病のような状態を呈するといわれた

マリー・アントワネットはこの木に対しては、用心深かったと見受けられる。この木には一般的な迷信があり、広く恐れられていたので、それを学んでいた王妃は深刻に受け止めていた。フランスの政治情勢が、君主制に対して次第に敵対しだした状況下で、王妃は頻繁に、奇妙な暗い兆しに襲われ、至る所で悪い前兆を見た。ある夜、女官のカンパン夫人を伴って鏡台に座っていると、そこに置かれた4つの蝋燭の内3つが、ひとつずつ消えていった。「不幸は人を迷信深くするものよ」と王妃はつぶやいた。「もしも、4本目の蝋燭も他の3本と同じように消えてしまったら、それは悪い前兆だと思わざるを得ないわ」と。そして最後の1本は普通に燃えて、消えた。

ヤマボウシは、1778年のリシャール・ミックによる、小トリアノンの主要灌木リストに記載されている。この木は、トリアノン周辺の納屋とマルリーの森で保管されていた。1784年4月15日、モロー・ド・ラ・ロシェット氏による植物の大量搬入に、柵用のヤマボウシ200株も含まれていた。フランスでは、*Cornus sanguinea* は、*Cornouiller femelle*（女ヤマボウシ）とも呼ばれ、*Cornouiller mâle*（男ヤマボウシ）と区別される。ヤマボウシは6月の初め、非常に大きな花房をつける。果実は食用にならないが、しばしば小鳥の餌になっている。18世紀、ヤマボウシは春に花をつける低木林に特徴的な植物だった。その柔軟な枝は、かご細工や枝編み細工に使用され、木材は肉用の串や棒、編み棒などに用いられた。

ヤマボウシは、自然界では森や泥炭地の白亜質土壌に生育する。その葉は秋には装飾的な紅葉を示し、赤い樹皮は冬を通して、生き生きとした色彩を提供する。

CORNUS sanguinea.   CORNOUILLER sanguin

ELŒAGNUS angustifolia
P.J.Redouté pinx.

CHALEF à feuilles étroites. *pag* 87
Mixelle l'ainé Sculp.

イギリス式庭園

ホソバグミ

Elaeagnus angustifolia

夏の夜、イギリス式庭園で散歩する
王妃マリー・アントワネットも、
この灌木の強烈な香りを賛美したにちがいない

ホソバグミ（ロシアンオリーブとしても知られる）は、王妃の庭園を飾るため、1778年にトリアノンに運ばれてきた。1755年、デュアメル・デュ・モンソーは、この木について次のように記述している。

 このレバントのグミ科である *elaeagnus* は、細い葉を有し、果実は柔らかく、小粒のオリーブに外見が似ている。*elaeagnus* は、中程度の樹高になり、6月にはとても多くの黄色い花を咲かせ、開花時期には樹木全体が黄色に染まる。花は強い芳香を遠くまで発し、それ故にポルトガル人は、この木を楽園の樹と呼んでいる。夕暮れには庭園全体が芳香に包まれる。遅い春の装飾性低木林に用いられるが、最初の本格的な降霜まで葉を残すことから、秋の低木林としても用いられている。

白い葉が、黒い樹皮に強く映え、緑の林に魅力を与える。木部は燃料として燃やされ、その銀色を帯びた黄色い果実は、形が小型のオリーブに類似し、食用になるものの、やや粉っぽい食感である。中東ではシャーベットを作るのに用いられている。

東ヨーロッパおよびアジア原産のホソバグミは、銀色の葉をしていることから、16世紀頃から装飾性の灌木として栽培され、樹高は10mに達する。この丈夫な植物は、どんな土壌にも適合し、暑く乾燥した夏を好む。

イギリス式庭園

ツツジ

Rhododendron canadense, syn.
Rhodora Canadensis, syn.
Azalea canadense

マリー・アントワネットの庭師アントワーヌ・リシャールの父
クロードは、泥炭地を好む植物の栽培の開拓者だった

1775年にデュアメル・デュ・モンソーは、ツツジを *Chamaerhododendros* の名で記述している。

この植物は、ヴァージニアおよびカロライナの原産で、イギリスでは露地で冬を越し、何年も美しい花を咲かせている。*Chamaerhododendros* はどれも、通常6月に可愛い花を咲かせるので、遅い春の低木林を彩っている。私どもの庭園ではまだ開花していないが、Catesbi 氏によると、その花は装飾性が非常に高いとのことである。

クロード・リシャールは、この時点ではまだ泥炭地の植物の順化に成功していなかった。ルイ15世および16世の庭師として、息子にその地位を譲る前に、リシャールは北方の酸性土壌の植物をフランスの地に根付かせる工夫をした。

ツツジの紫の花は、4～5月に葉に先立って開花する。この植物は遮蔽されて温かな、半日陰を好む。ツツジおよび地中海沿岸原産のセイヨウシャクナゲ（*Rhododendron ponticum*）は、1782～83年にリシャール氏からジョン・ウィリアムズに、トリアノンのイギリス式庭園用にと提供された。

ツツジ属 *Rhododendron* は植物界で、最も繁栄し多くの種を有し、樹木、灌木、落葉性、常緑性など1000種を超える仲間が存在する。ツツジは小型の灌木で、樹高は1m程、霜に強く、酸性の泥炭土壌を好む。フランスではあまり栽培されないが、カナダでは地元の植物愛好家によって保存されている。

RHODORA Canadensis.

P. J. Redouté pinx.

RHODORE de Canada. *pag.* 214

M.lle Janinet Sculp.

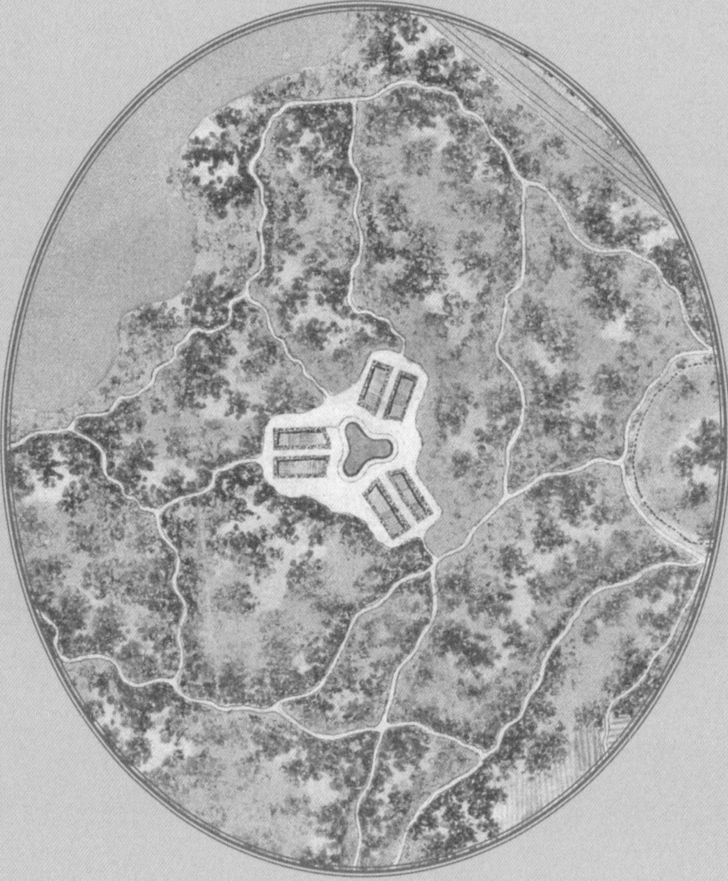

The Wood of Solitude

孤独の木立

当初、オーンズ アルパンの森の計画では、小庭に囲まれた藁葺き屋根の観賞用の田舎家が、王妃の村里から離れた場所に造られる予定だった。結局、田舎家は建設されず、夢のような「藁葺き屋根」も実現することはなかった。最終計画では、森を切り開き、複数の曲がりくねった道をつけることになり、植栽には通常の森の植物相に加え、多くの外来植物がアントワーヌ・リシャールによって植えられた。

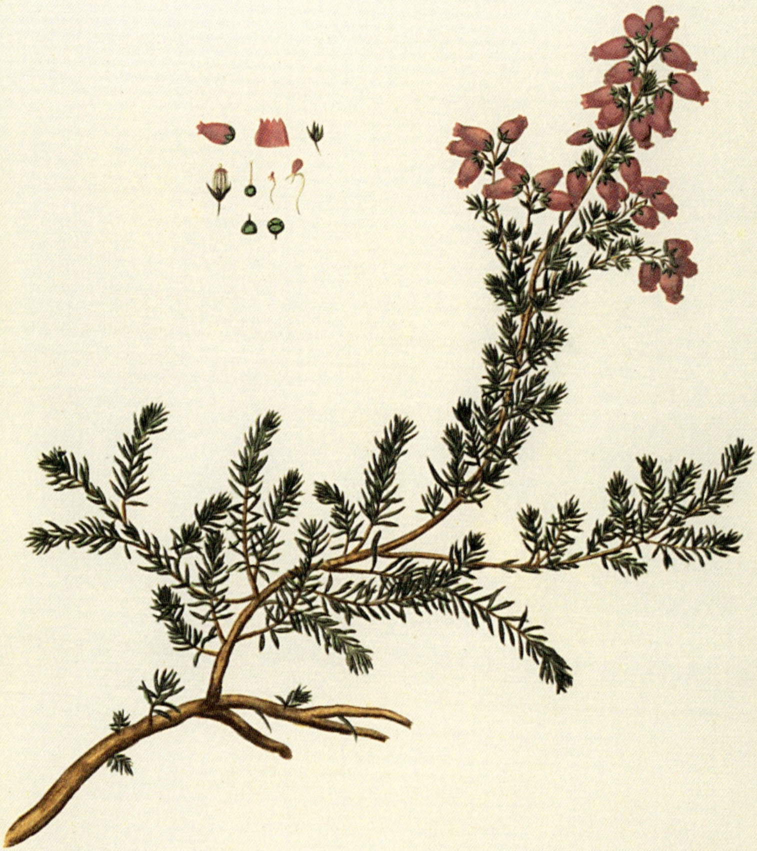

孤独の木立

ベルヘザー

Erica cinerea

孤独の木立の片隅に、ヘザーは、その花言葉、放棄の象徴に
相応しい場所にある。若い娘の窓の下に、
その恋人がヘザーの枝を置くことは、その恋愛関係の終わりを表する

1786 年、ビュショの『Traité de la culture des arbres et arbus-tes 高木・低木の栽培』では、ベルヘザーについて次のように記されている。

> この木は、細かく短い毛に覆われた灰色の幹をもち、細く硬い尖った葉が、枝の先端に向かってリング状に集まって配列している。枝は幹から伸び、花は 6 〜 9 月にかけて先端部に咲き、時に赤みがかり、時に淡い灰色を呈する。

ベルヘザーは多くの治療に用いられていた。花には利尿作用があり、腎臓結石を溶かし、解毒剤として働いて、毒性の咬み傷を浄化すると考えられていた。この花には苦味と収斂性があり、通常のヘザーすなわちギョリュウモドキ（*Calluna vulgaris*）と同様の治療目的で用いられた。ベルヘザーは前立腺障害や更年期に伴う症状の緩和、弱った筋肉の強化にも用いられた。

18 世紀、ヘザーは革のなめし剤として認められていた。特に、その黄から濃い茶色の着色が喜ばれた。また、小屋の屋根ふき材料や泥壁にも用いられた。

ヘザー（*Erica arborea*）から得られるブライアーの根は、喫煙用のパイプ作りに用いられる（英語名の heather は、仏語の bruyère に由来する）。

ツツジ科の仲間である、ベルヘザーは西ヨーロッパの酸性で乾燥した土壌に生育する。野生のヘザーの中では、最も魅力的と考えられ、銅色の葉や濃いピンクの花の品種が栽培されてきた。夏に猛暑となる場所では繁茂しない。

孤独の木立

スズラン

Convallaria majalis

フランスでは、5月1日に幸運を願ってスズランを贈ったり、
売ったりする。王妃の春の散歩に、トリアノンの孤独の木立の一帯を、
芳香を発する白い花が覆っていた

　小トリアノンの王妃個人の寝室は、簡素で素朴な雰囲気だった。玉蜀黍の穂先を主題にしたジョージ・ジャコブによる調度品は1787〜88年に設置された。繊細な部分は、玉蜀黍と松の穂軸の自然な描写をトリケットとロードが彫り出し、シャルロッテ・ド・プロイセンが彩色した。織物は、ジャスミンの枝とスズランで飾られ、あまりにも自然で生き生きしていたため、まるで香りがするかのようだった。

　スズランは、その香りと色どりから花束として人気があり、マリー・アントワネットがトリアノンの刈り込みの下に咲く、その香りを愛でていたに違いない。友人への土産として花の数株を時折、摘みとった。彼女は友情を何よりも大切にしていたので、1788年のヴィジェ＝ルブラン夫人による王妃の肖像画（本を持ち、青と白のドレスを纏ったマリー・アントワネットの坐像）の背景にある花束の中にも、スズランが描写されている。

　王妃の個人的な交友関係は、少数の厳選された人々で構成され、彼らは王妃をまさに「一家の中心」と見なしていた。一方、王妃自身は傷つきやすく、影響を受けやすく、好ましくない連中とも付き合っていた。

　ランバル公妃との親友関係に続いて、美しくも皮肉なポリニャック伯爵夫人の魅力にも影響され、取り巻きに引き込んでしまう。この伯爵夫人はやがて公爵夫人にまで出世し、「フランスの子供」すなわち王子、王女の女性家庭教師になった。この二人の女性は子供部屋や劇場の常連で、国王の兄弟であるアルトワ伯爵や、取り巻きの若者達と、小トリアノンでの自由な仮面舞踏会を夜明けまで楽しんだ。王妃は新しいものが好きで、彼らとの話題の中心は、最新の流行についてであった。王妃の取り巻きの多くは、1789年の革命勃発時に彼女を見捨てた。悪態をつく者もあれば、陰惨な死を遂げる者もあった。ポリニャック伯爵夫人は亡命先のウィーンで1793年に死を迎えた。王妃の王室での友人ランバル公妃は、パリの暴徒によって引き裂かれ、その首は幽閉先のマリー・アントワネットの窓辺に掲げて見せつけたという。革命と恐怖政治

Convallaria Majalis   *Muguet de Mai*

の恐ろしい体験の中で、彼女が唯一、平静を失った瞬間だった。美形のスウェーデン将校でマリー・アントワネットの恋人だったアクセル・フォン・フェルセン伯爵は、革命から20年以上たった1810年に、やはり故国で暴徒に追われ殺害された。彼のポケットには、王妃からの最後の伝言「すべてをあなたに委ねます」が残されていた。死の瞬間まで、王妃への秘密の感情を抱き続けていたのだ。

スズランは、昔から復活と春の訪れの象徴で、幸福の象徴になっている。英語の「リリー オブ ザ バレー」は、王室のユリと田園に関係し、壮麗さと素朴さというマリー・アントワネットが求めた相反する要素を含んでいる。フランスではパルナッソスの草原という別名もある。伝説によればパルナッソス山の神が、アポロンの取り巻きである9人の女神のために、彼女達の繊細な素足が傷つかないよう、スズランで緑の絨毯を作り上げたと伝えられる。また、スズランが天国の門の両側を飾り、優しさに溢れた人が門を通ると、ベル型の花が鳴って知らせたといい、聖書ではしばしば美徳と純粋な精神に関連づけられている。

古代ローマでは、フローラ（Flora）と呼ばれる花の神様を祭る祝いが、スズランの花咲く5月に催されていた。また古代ケルト人にとっても、幸運と結びついていた。ルネサンス期には、フランス王シャルル9世が、5月の祭りにスズランを幸運の象徴として贈る伝統行事を推奨し、5月1日に宮廷内の婦人全員にスズランを贈ることにした。

アジア原産のスズランは、中世のフランスに浸透していった。1725年、アントワーヌ・フュルティエールの百科事典では次のように定義している。

> 現在、リリー オブ ザ バレーと呼ばれるのは、林や谷間に生育するからで、2〜3枚の長く幅広の葉は、ユリに類似しているもののやや小型。花は丸く、縁に5〜6箇所の切れ込みのあるベルの形で、白く、愛らしく芳香がある。花に続いて、堅くまとまった楕円形の種子数個を包む、ほぼ球形の赤い実がつく。

18世紀には、スズランはパリ周辺のムードン、ヴェリエール、ヴェルサイユ、サン＝ジェルマン＝アン＝レー、ベルヴィルなどの森で、普通に観察できた。森や低木林のスズランの絨毯はとても魅力的で、12月に掘り上げ、株分けをして植え替えることで広範囲に繁殖させられる。栽培では、八重咲き、赤味がかった花などが作り出された。当時はセイヨウクルマバソウ（*Asperula odorata*）や、キイロヤエムグラ（*Galium luteum*）なども間違ってスズラン（lily-of-the-valley）と呼ばれていた。

18世紀、スズランの花は「クシャミを誘発する」「頭に作用する」および神経に

働くと記述され、麻痺、眩暈、脳卒中、精神錯乱などに用いられた。

　心拍数を上昇させ、利尿作用を示すことから、花は広く有毒と考えられていたが、それにもかかわらず、脳疾患と神経の強壮に用いられる重要な薬物でもあった。

　ブランデーやアルコールで花を浸出させた酒精剤は、憂鬱症患者の恐怖を鎮静させ、過剰な活動で疲弊した患者を蘇生させるために用いられていた。根は、日常的な用途に使用され、強いクシャミを誘発した。16世紀、薬剤師のカメラリウスは、細口のガラス瓶をスズランの花で満たし、コルクでしっかりと栓をして蟻塚に1ヵ月埋めた。花は腐り、残った液体は粘稠性のあるオイルとなり、痛風と坐骨神経痛に特別な効き目があると考えられた。

　調香師や薬剤師は、スズランの酒精剤をアンバーグリスに注ぎこみ、そのチンキ剤を調製した。このチンキ剤は、失神患者や突然の脳卒中患者の回復に推奨され、強力な催淫剤としても評価された。

　スズランは、昔から香水の製造に用いられてきた。フランス語名のミュゲは、13世紀の初めに記録され、間違いなく、ムスク（麝香）やナツメグ（肉荳蔻）の香りに由来している。同時に、花から精油が得られないことについて、ディドロとダランベールの百科全書では、次のように記している。

　　花だけが用いられ、花は甘く浸透性のある芳香を発するものの、精油は得られない。スズランは軽くはかないので、可能な限り再蒸留によって、芳香水にその香りを濃縮しなければならない。

　再蒸留とは、化学的操作で蒸留物中の揮発成分を残った原料に戻す、あるいは他の物質に再蒸留によって移す工程である。

　フランスでは、アントワーヌ・フュルティエールの辞典に、スズランについての第2の意味が記載されている。「勇敢な誘惑者、立派な服を着て、立ち振る舞いの正しい女性の誘惑者」マリー・アントワネットは間違いなく、多数の綺麗に咲き匂うスズランに宮廷で接している。上記の言葉は古臭く、やや無作法で、フュルティエールは「芝居や戯曲に相応しい」と述べている。同様の動詞 muguetter には、「女性を楽しませるために、浮気に勇ましく振舞う」の意味がある。

この小さな野生種は、ヨーロッパ中の森や泥炭地に見られ、しばしば、広汎に群生する。芳しく、純白のベル状花は濃い緑色の葉に映える。毒性のある植物で、特にオレンジ色の果実には強い毒性がある。

Pl. 128. *Angélique sauvage.* Angelica silvestris L.

孤独の木立

アンゼリカ

Angelica sp.

調香師ジャン・ルイ・ファージョンは、アンゼリカ種子のパウダー約14gを、マリー・アントワネットが最も称賛した人気の品オードシプレコンポゼに用いた。アンゼリカは、その独特のノートをジャスミン、アヤメ、ナツメグ、マスクローズ、ネロリ、アンバーグリス、ムスク、シベットの芳香成分に加えた

園芸用アンゼリカ（*Angelica archangelica*）は薬草園から広まって、同類のA. sylvestris のように、湿った粘土質の土壌に自生し、水路や池の土手に生育している。この植物は、香辛料（茎が糖分を含み、リキュールやラタフィア酒の調製に用いられる）、香料用に育てられる。

アンゼリカは悪臭を放つ蒸気を防ぐとされ、その名前もその予想される不思議な能力に由来している。

根は、多くの治療に用いられてきた（*Bohemian angelica* が最も優れていると報告されていた）。1767年発行、ゴーティエ・ダゴティの『Dictionnaire botanique et pharmaceutique 植物と薬の辞典』では、アンゼリカは「消化器系、強壮、および頭部に作用」、食欲と発汗を促進し、創傷を治すと記載されている。解毒剤と考えられ、鼠蹊部の感染症、悪性の発熱、狂犬の咬み傷（パップ剤で）、壊血病などに用いられた。ダゴティは、患者は「1ドラクマ（4.3グラム）を服用し、毒素を汗から排泄する」ことが推奨されていた、と記録している。当時の有名な報道では、ニースの市民で1759年に123歳3ヵ月で亡くなった男性は、タバコの代わりにアンゼリカの根を噛む習慣があったという。お守りとして身につけると、アンゼリカは呪文を退け、悪魔を退けると見なされていた。

強いセリ科の植物で、高さが約2mになる。葉を揉んだ際に、アンゼリカは芳香を発するが、恐ろしい有毒植物ドクニンジン（*Conium maculatum*）は、悪臭を出すので区別ができる。また、アンゼリカの葉には、細かいぎざぎざがある。夏遅く開花し、半日陰の風雨から守られた場所でよく育つ。

孤独の木立

オーク

Quercus robur, syn. *Q.pedunculata*

1681年にヴェルサイユに植樹されたオークは、1776年、ルイ16世による全面改装の際に伐採を免れた数少ない木である。大水路と大トリアノンの間にある王妃の散歩道近くにあり、王妃がその木陰に座ることを好んだことから、「マリー・アントワネットのオーク」と呼ばれていた。1999年の嵐で弱り、2003年の熱波で枯死したため、現在は伐採された

1764年、アントワン＝ニコラ・デュシェーヌの『*Manuel de botanique* 植物学便覧』で次のように述べている。

成長は遅いが何世紀もの寿命があり、まっすぐに成長し高木になる。その葉は美しく、日陰を提供する。柵状に整枝される場合もあり、*chênilles*（キャタピラー）と呼ばれる。大型の剪定林や森に最適で、ブナ同様、壮大な成熟した木立を形成する。

1709年の食料不足の際には、フランスの複数の地域で、オークのドングリを粉に挽いて、小麦粉の代わりにパンを作っていた。リンネは、ドングリを粉に挽く前に焙煎することを薦めている。それによって、パンの舌触りが柔らかくなるからだ。ドングリや他の部分には、強力な収斂作用があり、おでき、痔ろう、創傷などの治療に用いられた。タンニンを多く含むオークは、腐りにくい性質があり、ドングリのヘタと樹皮は、黒い染料に用いられた。花き栽培者は、古いオークのチップを土壌に混ぜ、球根の栽培に用いた。樹皮の粉は皮のなめし剤で、皮革の処理に使用した後は、パイナップルなど熱帯植物を育てる温室の土壌に使用する。

高く、壮麗な木は、強さ、力、忍耐、運命への勇気の象徴です。フランスでは、*chêne mâle*（男オーク）あるいは、「父の木」として知られ、道徳上の指針で、特別な正義の象徴である。

オークのラテン名（*Quercus pedunculata*）は、*pedunculate*（茎の無い）が果実（ドングリ）を支える小さなヘタの意味です。ヨーロッパの森の王、オークは、材木や燃料として、重要な木材で、歴史を通して大切にされ、利用されてきた。栽培品種の中には、紫、黄、および斑入り葉の品種が庭園用に作られてきた。

QUERCUS Robur.   CHÊNE Rouvre.

孤独の木立

クログルミ

Juglans nigra

アメリカから到来したクログルミの木は、
王妃の農村近く、オーンズ アルパンの森の縁に植えられた

「アメリカ・クルミ」としても知られるこの木は、ヨーロッパには1629年に持ち込まれた。ビュショは1786年の『Traité de la culture des arbres et arbustes 高木・低木の栽培』で、次のように記している。

この種の葉は、通常のクルミより細く尖っていて、一様ではない。内側の殻はハンマーを使わなければ割れず、種子の外側は厚く荒い手触りである。木の名前は、格別に黒い木部と、大きな堅果に由来する。アメリカ大陸南部には、この木が多く、特にヴァージニア、メリーランドに見られる。河の源泉や低地の土壌によく育つ。その種子は脂質に富み、強い風味がある、アメリカ原住民はこれを食用とし、リスやその他の動物も、喜んで食べた。木材は、机、食器棚、および他の家具の製造に珍重された。

クルミの木はしばしば、広い公園などの壮麗な並木道に植えられた。

通常のクルミ（*Juglans regia*）は、トリアノンの庭園にも、王妃の村里の果樹園にも植えられていた。

さらに三種の北アメリカ原産の種、バタグルミ（*J.cinerea*）、長く小型の実が特徴のシログルミ（*J.alba*）、当時ヨーロッパでは貴重だったペカン（*Carya illinoinensis*）が植えられていた。

この優雅な木は樹高20〜30mに達する。成長は速く、有用な木材を産するため広く栽培される。十分な日照を要求するが、寒さには（−25℃まで）耐久性がある。

JUGLANS nigra. NOYER à fruits noirs

P. J. Redouté pinx. Tassaert Sculp.

Ornithogalum Umbellatum   *Ornithogale en Ombelle*

孤独の木立

オオアマナ

Ornithogalum umbellatum

植物学者リンネは、オオアマナが
夏の午前 11 時に開花すると記していて、
そこからフランス語、英語ともに 11 時の貴婦人の別名がある

　毎朝 11 時は、マリー・アントワネットが髪型を整える時間だった。入浴後、12 時に、多くの召使の前で行われる正式な身じまいの直前にあたる。

　王妃の日常は 8 時に起床し、9 時に朝食をベッドか長椅子の脇の小さな机でとる。この時点で、選ばれた 10～12 名の廷臣が立ち会っている。なかには主治医、朗読者、個人秘書、4 人の年輩の寝室係りなどが含まれていた。

　女官がいる場合は、彼女がベッドまで食膳を運んだ。

　王妃が起き上がると、衣装係がやって来て枕を外し、男性の召使がベッドメイクをする。入浴後、再びベッドに戻り、読書やタペストリー作りをする。

　オオアマナはトリアノンの至るところに自生していて、栽培もされていた。白い星型の花は木立に咲き、花壇に魅力的な効果を与えるために用いられた。

　医師はこの植物を利尿薬に用いていた。そのまま、あるいは煎剤として服用する。「敵対心を和らげる」ともいわれていた。

ユリ科で、この小さな多年生植物は、西ヨーロッパの道ばた、牧草地、農地に自生している。高さが 30cm を超えることは希で、庭では日当たりの良い場所を好み、球根は霜の影響を受けない。急速に広がり？繁茂するが、今日では栽培されることは希で、他の一日中開花する植物に置き換えられている。

Allium Ursinum.   *Ail des Ours.*

孤独の木立

ラムソン

Allium ursinum

王妃と同時代人の著述家ビュショは、『Dictionnaire des Plantes 植物辞典』の中で、ヴェルサイユ宮殿の庭に育つラムソンについて触れている。この植物は今でも、レ・ゾンズ・アルパンの森に育っている

デュシェーヌの『Manuel de botanique contenant les propriétés des plantes qu'on trouve à la campagne　植物学便覧』(1764)には、次のように記されている。

> 葉は幅広く、明るい緑色で重なり合って、深い絨毯を形成する。白く小さな花の集合体は4〜5月に個体の中心から伸び、その明るく繊細な外観は背景とよく調和する。ただし木陰から放たれる強い臭いは不快で、この植物は植え込みや花壇から離れて鑑賞すべきといえよう。

ラムソンすなわち「熊ニンニク」(*Allium ursinum* はケルト語の all、燃えるの意味、とラテン語の ursus すなわち熊に由来する）は、熊が多く住む北ヨーロッパの暗い森林に多く見られることから名前がついた。熊は冬眠から目覚めるとすぐに、このニンニクの根を食べる。葉からは、わずかに指で擦っただけでも、強いニンニク臭がする。この葉を食べた動物の乳はこの臭いの影響を受けるため、放牧牛をラムソンが密生している場所から遠ざける努力がなされる。4〜5月に優雅な白い星型の花が、20〜40cmの茎の先に円形の房を作る。

ニンニクの薬効は、古くから認識されていて、球根と葉は消化器系障害（膨張、ガス、仙痛）に、葉は強力な殺虫剤で消毒剤となる。ニンニクは、食前酒、ワイン、エリキシルを作るのに用いられ、葉は香辛料として、小片をサラダやスープに入れる。

❦

フランスでは38種の野生種が知られているが、ユリの仲間であるラムソンは、ヨーロッパ全土の森林、岩場、湿潤な泥炭地で一般的な存在。開花前にはスズランやオキナグサと間違われることがある。庭では急速に増殖するので、野生で育てるのが賢明である。

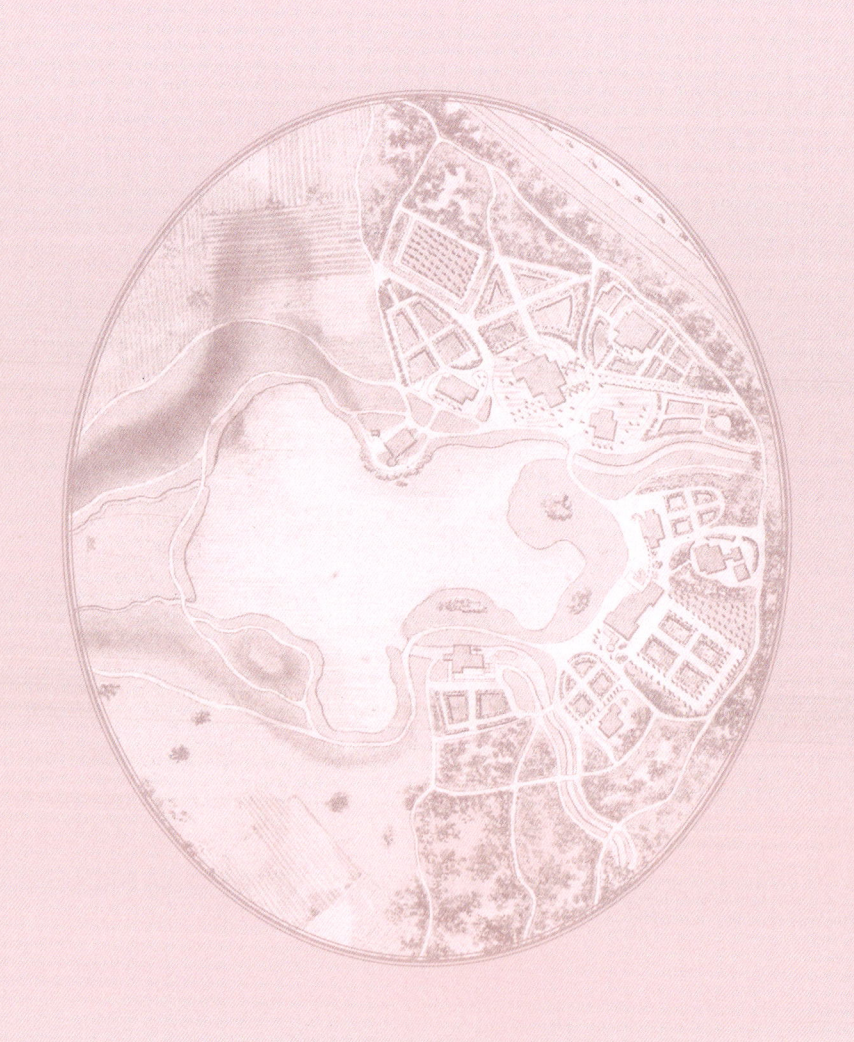

The Queen's Hamlet

王妃の村里

王妃の村里造りは、小トリアノンでマリー・アントワネットが取り組んだ最後の大事業だった。ノルマンディー風の田舎家、わら葺きの小屋、酪農小屋、風車、鳩小屋、農地、家畜に湖まであった。各家々には自家用菜園があり、カリフラワー、インゲンマメ、果樹（サクランボ、洋ナシ、アプリコット、モモ、ラズベリー）が育てられた。王妃は素朴な白いシャツと麦藁帽子を身にまとい、自らの畑でイチゴを摘み、ここの自宅で客達を楽しませました。湖では魚釣り大会が企画され、納屋ではカントリーダンスが行われた。

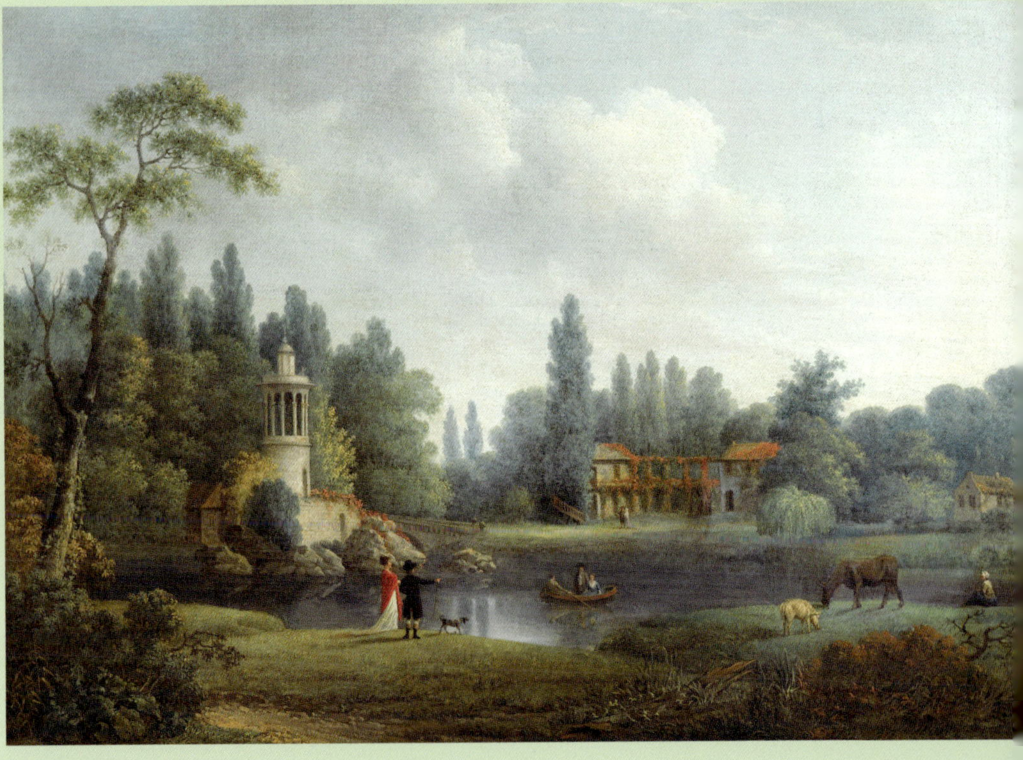

「庭園のいちばん奥、絵画の背景、ベルカンによる愛の楽園の舞台装置がある[1]。マリー・アントワネットの理想郷、王妃の村里である。この村では、国王を粉引き職人、紳士を田舎教師に仕立てていた。小さな田舎家が仲よく集まり、各家には、小さな農園があった。トリアノンの女性達は、農民の格好をして仮装舞踏会を企画した。白い大理石の乳製品製造所が水辺に立っていた。その脇には、王太子の乳母ポワトリーヌ夫人による、素朴な歌の名に由来するマルボロの塔が水面に映っていた。王妃のわら葺き小屋は、全体が調和し、花が生けられた石の花瓶、四目垣と東屋で飾られていた」

エドモン＆ジュール・ド・ゴンクール兄弟著
『マリー・アントワネットの生涯』(1858) より

左図：トリアノンの村里風景（ピエール・ジョゼフ・ヴァラール画、1753／55-1812）

1) アーノルド・ベルカン (1747-91) はロマンチックで牧歌的な演劇や詩の作家。

Pl. 305. Peuplier noir. Populus nigra L.

王妃の村里

ポプラ（セイヨウハコヤナギ）

Populus nigra 'Italica', syn. *P. pyramidalis*

王妃の村里に生育する三種のポプラ（白、黒、ポプラ）の中で、ポプラが最も円形で、王妃の時代に最も喜ばれた

ビュショの『Dictionnaire universel des plantes, arbres et arbustes フランス植物、樹木、低木大辞典』(1770) には、「フランスでは、イタリア産ポプラの栽培は比較的最近のことであり、当地では珍しく、無視できないほど興味深い」とあり、元教授である著者サン＝モールスのプレー氏から引用して、「この木は、心地よさと有用性を兼ね備え、すべての木の中で、最もまっすぐに成長し、結果的に、並木道に最適で、道路、水路や池の縁を覆い、草原の区切りにもなる」。

セイヨウハコヤナギは、クロポプラに類似しているが、枝がまっすぐで、完全なピラミッド型を形成する。成長が速く、長期間の乾燥に耐える。1778～1779年の小トリアノンの工事では、見晴らし台の丘の斜面に他の木々とともにセイヨウハコヤナギが植えられた。高く気品ある輪郭は、周囲の木々と絶妙な対比を生みだした。

ローマでは、ポプラは公共の広場や市場に植えられていましたので、そのラテン語名が*Populus*になった。木の形が矢尻に似て、空に向かってまっすぐそびえる槍形の木は、現世から来世への移行と葬儀の象徴になる。

セイヨウハコヤナギの材木は、最も堅く緻密で、屋根材、木材工芸一般、船のマストに用いられる。クロポプラの蕾には、鎮痛作用があり、鎮静用のpopuleum軟膏の成分となる。

❦

セイヨウハコヤナギは、中央アジア原産と考えられるクロポプラが、北イタリアで栽培されて生まれた品種だ。この木はすべて雄株のクローンで、種子をつくらない。成長が速く、樹高は30mに達する。容易に吸根を出す。

王妃の村里

ニセアカシア

Robinia pseudoacacia

1779年にトリアノンの温室でニセアカシアが開花した。
『La botanique mise à la portée de tout le monde 植物学総覧』の著者
ルニョー夫人は、その花を描き版画を作成するように委託された。
マリー・アントワネットは、トリアノンで咲いた外国産の花々は、
すべてを描いておくくように委託していた。絵は村里の小屋に飾られた

ヨーロッパで最初の株は1601年、パリのドフィーヌ広場に、ヘンリー4世とルイ13世の庭師だったジャン・ロビンによって植えられた。彼の息子ウェスパシアヌスは、1636年にその枝をパリ植物園に移植した。リンネは、この木を最初にヨーロッパにもたらしたこの庭師を賞賛して、木を*Robinia*と命名した。18世紀までには、フランス全土に繁茂し、実質的に帰化した。春に魅力的な花を咲かせることから、並木道や低木林に人気があった。5月の終わりには白い花の房で覆われ、その爽快な芳香は、一株で庭園全体を包み込んだ。花は純潔な愛の象徴で、18世紀の庭師の中には、この木の脆弱性（弱い風でも枝が折れる）、不器用な枝ぶり（刈り込み成形が困難）、きめの粗い樹皮、まばらな葉による不適切な木陰などの要因から、この木を嫌う者もいた。

トリアノンの庭園には当時、ヨーロッパに導入されて間もない、ローズ・アカシア（*Robinia hispida*）もあった。1795年の樹木目録には、他の品種より大きな花をつける白アカシアも記載されている。花には、皮膚の軟化作用、緩下作用、癒やしの作用があると見なされていた。魅力的な色と堅さを備えた木材は、ろくろで成形する。

ニセアカシアを含む、ハリエンジュ属（*Robinia*）は、その莢とトゲがアカシア類に似ていることから名づけられた。北米原産で、ヨーロッパに侵入し、しばしば単独の森を形成する。その房状の花は、オレンジフラワーに似た芳香を発し、バターやフライに混ぜると美味。アカシアの蜂蜜も珍重されている。

ROBINIA pseudo-acacia.

ROBINIER faux acacia.

SALIX Babylonica.

SAULE pleureur.

王妃の村里

ヤナギ

Salix babylonica

湖の岸辺、ビリヤード場が立つ隣に、次男で後のルイ17世
誕生を記念して、王妃自らが植えたというヤナギの木がある。
「タンプル塔の子」と呼ばれたルイは、幽閉の恐怖の中、
牢番らから顧みられずに、結核になり悲劇的な死を迎えた。
ヤナギの木自休は1883年の嵐で壊滅した

1783～1787年にかけて、王妃は村里の建設を監督した。ルイ16世は、王妃にオーンズ アルパンの森を領地として与えた。1783年の夏は、湖から流れ出る川の両岸に、中心となる2つの小屋を建設するのに費やされた。王妃は風車、白大理石で裏打ちした、素朴な外観の乳製品作成場、自身の住居である大きな「田舎屋敷」を依頼した。背後には奉公人の家があった。他の建物や離れ家に、1784年農場が加わり、湖が造られて村里は完成した。

マリー・アントワネットは、5万株を超える木と灌木を村里に移植した。なかでも、王妃自らが植えたというヤナギの枝と葉は、湖の水面に哀愁をもって垂れ下がっている。その効果は素朴ながら贅沢で、合奏の余韻のようだった。

ヤナギは、長く垂れ下がった枝によって、容易に識別でき、また水滴がその蔓上の枝を滴り落ちる形からも、その一般名がつけられた。

葉は滑らかな細い槍形で、細かな刻みがある。18世紀には、低木林として水辺や湿地に広く栽培されていた。

中国では、柳は不死と天の使いの象徴で、チベット族では「命の木」と見なしている。

中国原産の壮麗な木は、樹高が15mに達する。長い枝は時には地面にまで達し、曲がった幹を隠す。立派な株がしばしば公園、池や湖の縁にあるが、厳しい氷結には影響を受ける。園芸品種として、秋に黄色になる葉や、細い輪郭のものがあり、新しい公園では旧来の品種に置き換える傾向がある。

Pl. 163. *Centaurée Bleuet. Centaurea Cyanus* L.

王妃の村里

ヤグルマソウ

Centaurea cyanus

小トリアノンでのマリー・アントワネットをしばしば連想させる
ヤグルマソウは、間違いなく王妃の村里の草地や、
小麦、大麦、カラスムギの農地で育っていた

1782年1月2日、ビーズと矢車草で装飾された295個のセーヴル焼きの食器が、小トリアノンの王妃の食堂に運ばれた。矢車草と薔薇は、王妃の寝室の装飾でもあり、いずれの部屋でも強調されているのは、シンプル、自然、そして素朴な魅力だった。

この魅力的な野生の花は、フランスでは bleuet、bluet、aubifoin、blaverole、barbeau、casse-lunette など、多くの一般名で呼ばれている。花壇でも栽培され、上品な白、新鮮なピンク、紫、斑入りや八重咲きなどの品種があり、5〜7月にかけて花壇を飾る。

ヤグルマソウは、かつて眼の感染症治療に用いられていた。花は蒸留され、眼に利く水が作られた。その名は、視力が強くなると考えられたことに由来する。このヤグルマソウ水は赤く腫れた眼を鎮めた。効果を高めるためにサフランやカンファーを添加することもあった。

ビュショの『Toilette et laboratoire de Flore en faveur du beau sexe フローラの化粧と処方』(1784) には、ヤグルマソウの処方が載っている。「美白水──ヤグルマソウと同量の白ブドウの搾り汁、小さいコップ1杯の牛乳と、新鮮な白パン粉を加えて、ガラス製の蒸留器で蒸留する。製した水は、使用前に同量のハンガリー水と混合することで、肌を白くする」

一年で約70cmの高さにまで成長し、6〜8月にかけて花壇や観賞用植物の縁を飾りたてる。交配によって、大型でさまざまな色（ピンク、白、深紅、藤色まで）の品種が生まれ、春か秋に、水はけと日当たりの良い場所に種を蒔く。ヤグルマソウは切り花としても優れている。

王妃の村里

イチゴ

Fragaria sp.

1784年の天気の良い日に、ルイ16世が庭園を散歩していると、
ベンチでミルクを飲み、イチゴを食べている王女と王妃に出会った。
二人には肘掛け椅子や足置きなど必要なかった。
ごく親密な家族と友人の、素朴な集いだった

「この出会いの場面ほど素晴らしいものはありません。華麗さや豪華さよりもはるかに好ましいものです」とショワジー公爵は手紙に記している。王妃は、彼女の村里の家庭菜園に2500株のペルー産イチゴを植えるように指示している。イチゴの株は、1784年4月15日に届けられた。

王妃は、イチゴが十分に熟し、太陽を浴びたことを自ら確認して、イチゴを摘むことが好きだった。そのため、白い麻のシャツの腰にリボンを巻き、解き放った髪につば広の麦藁帽子をかぶった。このようなシンプルな衣装は子供風ローブ、王妃のシミーズ風ローブとして有名で、質素で軽い生地の服装が流行になった。このボルドー地方の服装は、ヒスパニオラ（現在のハイチとドミニカ共和国）のカリブ海諸島にあるフランス領サン＝ドマングの白人女性が紹介したという。この島出身の女性は、帆布、麻およびサラサだけを身にまとっていた。彼女は友人のローズ・ベルタンに薦められて、王妃は、モスリンとひだのあるタフタに情熱を燃やした。王妃の髪型や帽子は、洗練されたものだったが、当時の普通の女性が着けるものに影響された、綿製のひも付き帽子すなわち酪農婦のひも付き帽子だった。王妃はシンプルさを求めたものの、素朴な品々にもかかわらずいずれも高価な代物だった。

イチゴはそもそも王家にとってのお気に入りで、ルイ14世はイチゴにあこがれ、アントワーヌ・ニコラ・デュシェーヌが記述した、野生のイチゴとムスク種（*Fragaria moschata*）をイタリアのアルプス地方から取り寄せていた。1714年、探検家のアメデ・フランソワ・フレジエがチリから、大きな果実のついた5株（*F.chilensis*）を持ち帰ったが、これらはすべて雌株だったため、さらなる収穫は望めず、単に興味本位だけで栽培された。ブルターニュ地方の田舎プルガステルの周辺では、あるチリ産のイチゴが他の品種と交配で再生された。同じ頃、デュシェーヌは、ヴェルサイユでイチゴの実験をはじめ、アメリカ由来の株と

Fraisier des bois.

の交配で果実を得ることに成功した。1765年6月5日、彼はルイ15世に熟したイチゴの果実を提供し、彼の『Histoire naturelle des fraisiers イチゴの自然史』(1766)に次のように記している。

> 私は、トリアノンにすべてのイチゴの品種を集めることができた。これは、ヨーロッパ中の知人との交流による成果で、壮大な庭園を完全にすることができた。イチゴは、最も美味しい果実のひとつで、国王も高く評価している。宮廷の庭師は、まもなく毎年イチゴを国王に献呈できることだろう。国王はヨーロッパ中の品種も集めるように指示している。イチゴ栽培者の将来は保証されている。彼らの技術は一流の科学者の注意と興味の対象です。

過去、野生のイチゴは観賞用と考えられていた。デュシェーヌの説明によれば「イチゴは群落を作るので、歩道の縁などに植えるとスミレ同様に魅力的で、美味しい果実をつけるので、人はイチゴを、可愛い花のスミレよりも好んでいる。イチゴの青葉は美しく、花も魅力がないとはいえない。八重咲きの品種や、斑入り葉のものも作り出されていて、愛好家の間では人気がある」

イチゴは生食、砂糖、ワイン、クリームなどを添えて食べ、シャーベットにもなる。美顔にも用いられており、砕いたイチゴを一晩放置し、翌朝、ネギ属のチャイブ水とともに洗顔に用いることで、顔が輝き、鮮やかさが保てる。

ピエール゠ジョセフ・ビュショの『Toilette et laboratoire de Flore en faveur du beau sexe フローラの化粧と処方』(1784)には、イチゴ水の処方が記載されている。「グラス1杯の水に少量の塩と砂糖とイチゴを入れ、放置して醗酵させてから、二重釜で蒸留する。このウォーターは、毒に対して特に有効と考えられ、しみ、そばかす、なみだ眼にも使用される。ブランデーと混合すると効果が強化される」

匍匐性の品種は、初夏、中秋、および10月に果実をつけ、匍匐性でない品種は、4月と5月に実をつける。水はけの良い半日陰の場所に秋、植えつける。イチゴはテラスやベランダの桶でも育てることができる。

Fraise des Alpes.

Pl. 251.
Lavande officinale. Lavandula officinalis L.

王妃の村里

真正ラベンダー

Lavandula angustifolia

王妃は朝、ショコラにブリオッシュを浸して食べるのが好きだった。
ショコラにはラベンダーの香りがつけられていることもあったという

　ディオスコリデス（古代ギリシャの植物学医学者、西暦40年頃）の『薬物誌』によると、ラベンダー水はあらゆる痛みに効くため、痛む部分にラベンダー水を何度も塗布した。煎じ薬に混ぜれば頭痛や神経痛を和らげ、あるいは頭をしゃきっとさせ、活力を取り戻すためにも用いられた。ラベンダーの精油は脳の病気、またヒステリーやてんかんの発作に効くともいわれ、こうした効能から、王妃お抱えのショコラティエは医者からの忠告を受け、王妃の体調に合わせて毎朝ラベンダーショコラを用意していた。王妃はこのショコラを愛飲していたといわれている。

　ラベンダーは王妃の村里の花壇にも植えられ、6月になると紫がかった青い花をつけ、かぐわしい香りを放った。

　「ラベンダー」という名はラテン語のlavare（洗う）に由来するとされる。古代から、ローマ人は入浴や洗濯の際にラベンダーを用いていた。ルネッサンス期になると、南仏グラースのなめし皮職人は皮製品の香りつけに活用した。17世紀にはオーデコロンにも使われるようになり、18世紀になると白ワイン、ブランデー、ワインスピリットを用いた水蒸気抽出法が行われるようになった。ラベンダー水は男女問わず洗顔時に用いられた。男性は髭剃り後に肌を守るために塗布していた。入浴時に湯に入れると、体がより清潔になり、デオドラント作用もある。ラベンダーの精油には消毒・殺菌作用があり、カンファーにも似た芳香をもっている。

地中海原産でどんな土壌でも育つが、乾燥した土地のほうが向いている。
栽培しやすく、開花してから摘みとるだけでよく、非常に香りも高く、
ドライフラワーやリネン用のサシェ（匂い袋）としても使われる。

Pl. 178. *Armoise Absinthe.* Artemisia Absinthium L.

王妃の村里

ニガヨモギ

Artemisia absinthium, syn. *Absinthium vulgare*

ニガヨモギは、マリー・アントワネットの牧歌的な王妃の村里で育っていた。その存在が、悪い兆候の種だったのかどうかと思わざるをえない

ギリシア神話では、狩猟の女神アルテミスと関係している。聖ヨハネの黙示録（聖書の啓示書）では、「ニガヨモギ」の名は地球に衝突して泉や川を汚染した隕石に与えられる。

王妃の村里という、だまし絵のような田舎暮らしとパーティは、フランス国民に対する犯罪行為と見なされた。王妃の擬似田舎風の道具立てとしての、質素な綿のシャツ、野良作業でかぶる麦藁帽子などは、すべて見苦しいものと判断された。村里の外観は確かに田舎風ながら、内装は徹底的に豪華なものだった。窓ガラスはボヘミアのクリスタル、家具は一流の飾り箪笥職人ジェイコブとリーズナーによるものだった。花鉢には王妃の花押が刻まれ、カーネーション、ヒヤシンス、ゼラニウムなどが春ごとに植えられた。花々は革命の中で暴徒に粉砕された。

ニガヨモギは、優れた健胃作用、鎮静作用、治癒作用があると考えられていた。キニーネと混合して、間欠性の発熱に用いられた。一般には、特に女性患者の消化機能改善に処方された。

ニガヨモギはワインにも用いられた。葉を甘いワインに浸し、熟成させる間にその色がワインに移った。シロップ、砂糖漬け、オイル、蒸留水、チンキ剤などに利用された。

「four robbers vinegar」（伝染病に有効とされた一般的な強壮剤）にも用いられた。この強壮剤は手にすり込んで、接触感染を防いだ。

この多年生の芳香植物は、高さ1m程に育つ。銀色を帯びた緑の葉は装飾的ながら、花は目立たない。今日、庭で栽培されることは稀だが、茎と葉は、殺菌剤、忌虫剤として浸出される。

王妃の村里

サクラ

Prunus cerasus

マリー・アントワネットが、木から熟したサクランボを採って食べたかどうか、確かなことはわからない。淡赤色で6月中旬に食べ頃を迎えるビガロー種のサクランボを好んだかどうかも不明である

1783年、王妃の指示で100本のサクラの木が、村里の酪農小屋近くに植えられ、大量のサクランボが収穫された事実は確認できる。1786年には400本のサクラが育てられていた。オレンジ温室の近くにある池の周りには、サクラの大きな区画が整備され、サクランボの季節にはネットで覆われた。サクラは劇場の装飾にも用いられた。1783年4〜5月、1本のサクラの木がトリアノン劇場での、個人的な演劇のために飾られた。サクランボのついた枝は、綿入りのサテンで覆われ、その費用は50ルーブルだった。芝居は王妃が主演になり、気難しい老人所有のサクラの木からサクランボを盗む、貧しい女性を演じた。

18世紀には複数の品種が栽培されていた。フランス語では griottes として知られる野生種ですっぱい味覚のサクランボをつける種、前述のビガロー種、淡い斑入りや白いハート型のサクランボで、しっかりとした果肉のセイヨウミザクラ（*Prunus avium*）、より柔らかな果肉で赤い品種、大きく柔らかで甘い果肉を持った深紅のサクランボがなる品種（軸が短く仏語では gobets と呼ばれ人気がある）。

どの品種も生で食べて美味しく、それぞれが特徴的。ビガロー種は完熟前の実でジャムや、オリーブの実のような保存食品を作る。サクラはその高度に装飾的な花も喜ばれる。

サクラは小アジアの原産で、その名は黒海の町セラストーンに由来し、この場所から紀元前73年、ルクルス将軍によって、古代ローマに運ばれた。サクラは、路地で冬を越すが、若い株は春の凍結の影響を受け、強い風、直射日光にさらされるのを嫌う。

CERASUS.   CERISIER.

Bigarreau Commun.

P. J. Redouté pinx.   Lemaire sculp.

王妃の村里

イチジク

Ficus carica

イチジクは、ヴェルサイユに定着している木。ルイ14世は、イチジクが大好きで、彼の庭師ラ・カンティニは、700本のイチジクを宮廷の庭に植えた。最愛王とあだ名されたルイ15世は、クロード・リシャールの温室でのイチジクの交配と栽培実験に強い関心を寄せた

マリー・アントワネットの時代、木桶でイチジクを栽培することが流行していた。イチジクは霜の影響を受けるため、この方法で育てて冬は屋内に移動させた。夏に鉢植えのイチジクは大量の水が必要で、少量の果実を2回つけた。成長した株は、南向きの斜面に北側を防御し、太陽に向かって移植された。

庭師は小型の灌木様イチジクの方が、多く実をつけると考えていた。乾燥した石の多い土壌の方が、立派で甘い実を生らせる。生産者の中にはイチジクの実の「眼」に、ブラシでオリーブオイルを塗ると、早く大きな実ができると推奨する者もいた。地中海性気候では、イチジクの木の涼しい木陰と芳しい爽やかな香りが歓迎された。

プロヴァンス地方では、イチジクを乾燥させて作った煎剤を、呼吸器系の障害に用いる。5ないし6個の乾燥イチジクを約500mlの水に加え、軽く煮たてる。得られた液体を用いてシロップを作り、声枯れやかすれに用いるのだ。

ヴィーナスに献呈されたことから、イチジクは性的充実の象徴で、過剰な騒ぎの象徴ですらある。イチジクの木は西洋および東洋の複数の文化において、天地創造神話の中心的存在である。

ヨルダン渓谷での研究は、イチジクが最も古い栽培植物のひとつであることを示している。果実のなる時期によって異なった品種が存在する。秋に実る品種（秋イチジク）、夏と秋の2回実るもの（花イチジク）など。フランス北部ロアール地方の涼しい気候を好む品種もある。

FICUS.   FIGUIER.

P. J. Redouté pinx.   Bocquet Sculp.

a. Papaver erraticum Rhoeas sylvestris, Coquelicoq, Klapper Rosen. b. Papaver erraticum rubrum striis albis notatum, Fitsch Rosen. c. Papaver hortense albam oris rubris flore pleno. d. Papaver hortense petalis integris flore cinereo unguibus purpureis.

ケシ（ポピー）

Papaver spp.

小トリアノンの王妃寝室の壁には、ケシの花束と無数の野生の花々が
描かれていた。マリー・アントワネットは、
華奢で繊細な花々を愛したに違いない

フランス語でコクリコ、ヒナゲシ、graouselles などと呼ばれるコーンポピー（*Papaver rhoeas*）は、間違いなく王妃の村里の耕地で育っていた。色とりどりの花の絨毯は、田舎暮らしの象徴で、王妃の夏の楽しみだった。ホワイトポピー（*P.somniferum*）は、種々の色があり、斑入りや八重咲きもあるので喜ばれた。一方、王妃の寝室装飾に選ばれたのは、1714 年に導入されたオリエンタルポピー（*P.orientale*）だった。大きく明るい赤い花は、6 月初めから庭園を飾りたてた。

ケシの花には鎮静作用があると考えられ、風邪や咳に去痰剤として用いられた。浸出剤が胸膜炎に、花は時にワインやコンポートの色づけに用いられた。青い果実からはアヘンが抽出されるので種は使用しない。1770 年、ビュショは庭のケシについて、トルコポピーに比べると麻酔性は弱いが、大量では危険であると指摘している。

ホワイトポピーの種子の煎剤は、化粧品として皮膚の美白に用いられていた。ケシのシロップ剤は激しくしつこい咳と下痢に処方された。また、月経過多とリウマチにも推奨された。ケシの種は、北イタリアやオーストリアでは焼き菓子に用いられ、おそらくは王妃にとっては幼少期の味だったはずである。

50 種以上の品種がわかっているが、原産はユーラシア、アフリカ、アメリカ東部。この丈夫な植物は日陰は好まない。造花用のクレープペーパーのようなシワの寄った感じがあり、花壇に素朴で軽い印象を与える。

Pl. 234. Morelle tubéreuse (Pomme de terre).
Solanum tuberosum L.

王妃の村里

ジャガイモ

Solanum tuberosum

1785年、フランスを襲った飢餓に取り組む方法を模索していた
ルイ16世は、ヌイイの50アルパン（約170万m²）の土地を、
ジャガイモ作付けのために、植物学者の
アントワーヌ゠オーギュスタン・パルマンティエに割譲した

フランスの農民は、「トリュフ」「バージニアイモ」などとも呼ばれるこの外来の変わった野菜に懐疑的だった。翌年の1786年の夏、パルマンティエは国王にジャガイモの花束を献呈したが、この植物学者を支援し、ジャガイモを食べることを奨励するために、ルイ16世は花のひとつを自ら抜き取って、ボタン穴に挿した。マリー・アントワネットも同様に、同年パルマンティエの農園を訪れた際には、髪にジャガイモの花を挿していた。しかし、人々の疑いは晴れず、パルマンティエは民衆の興味を引くために、収穫期を迎えたジャガイモ畑の周囲に、武装した警備員を配置することにした。警備員は夜は持ち場を離れ、好奇心を強くそそられたパリの人々は、固く警備された「宝物」を競って盗んだ。やがてこの根菜は大衆に浸透し、その年の収穫はきわめて良好だった。

農業学会は、パルマンティエに、さらにグルネルに土地を与えた。ルイ16世は宮廷の食卓にもジャガイモを出すように求め、ランブイエの実験農園に、「大衆の興味」がある野菜としての分類を指示した。王妃は、間違いなく王妃の村里でジャガイモを栽培していた。

ジャガイモは、生産者を金持ちにするといわれた。この植物は丈夫で、手間がかからず、土地を疲弊させないので、他の作物と代わる代わる栽培することができた。人々の懸念は変化し、この外来根菜はヨーロッパ人の主要な好物になっていった。あの「卑しい」ジャガイモが！

ジャガイモは紀元前5000年頃からアメリカで栽培されていた。冷たく、湿った土壌を嫌う。ジャガイモの塊茎は土壌が温まりはじめ、凍結の危険が無くなったら、すぐに植えることができる。軽い土壌と、日当たりの良い場所を好み、地上部が枯れた後の6〜10月にかけて収穫される。

CHÈVRE-FEUILLE.

王妃の村里

スイカズラ

Lonicera caprifolium

小さく黄色い花は、ジャスミン、オレンジの花、グリーン、ハニーノートなど、種々のフローラル系の香りを放つ。その香りは日没後に強くなる。マリー・アントワネットは、小トリアノンの庭園での夜の散歩時に、その官能的で美しい香りを楽しんだ

デュアメル・デュ・モンソーはこの植物を、1755年に次のように記述している。

スイカズラは、つる性の植物で、魅力的な色の花を6月に咲かせる。花は房状で、複数の房が同じ場所から成長する。すべての品種が、四目垣やテラスの壁に、容易に整枝することができ、その花は美しく、良い香りを放つ。スイカズラは球形や灌木に刈り込むことも可能で、春の低木林を飾りたてる。木に這わすことも可能で、宿木をその花で飾る。

デュシューヌ（1764）は、次のように述べている。「らせん状のつるは左から右に成長し、木の幹を支柱にして強く巻きついていく。庭師は、多少の技巧を凝らすことで、この性質を上手く応用し、並木道の並木をらせん状の柱の列に見せることができる」

スイカズラの根からは、青い色素が得られる。花は化粧品や香水の原料になり、花の蒸留水は、収斂作用、利尿作用、浄化作用が注目されている。

スイカズラが愛と友情の絆の象徴であることから、マリー・アントワネットは大切に思っていた。同時に、年配の女性は恋煩いしないよう、スイカズラに触らないようにともいわれている。しかし若い王妃は、この植物の魔力から影響を受けることはなかった。

スイカズラ属は180種近くが知られ、その大半は北半球の原産である。花の芳香を目的に栽培されるものもあるが、その他は灌木で装飾的ながら、果実には毒性がある。1776年、30株の *L.xylosteum* が王妃の庭園のために注文された。

王妃の村里

ユリノキ

Liriodendron tulipifera

王妃の命により、1783 年にトリアノンに植えられた 2 本のユリノキは、
当時の社会で多くの論争を呼んだ。「アメリカインディアンと
ユリノキを乗せて海を渡る大型帆船を見た」というものだった。
王妃の村里にあった最後のユリノキは、1999 年の嵐で枯死した

　1795 年のトリアノン植物目録によれば、ユリノキは、小トリアノン庭園の複数の場所に存在していた。キササゲの空地に 3 株、宮殿と愛の神殿の間に 1 株、周回並木に 2 株、滝の川沿いに 13 株、石橋から村里にいたる並木道に 12 株が存在した。すでに、ヨーロッパ中に知られていたが、ユリノキは、後のカナダ統治者ガリソニエール将軍によって、1732 年にフランスに導入されている。トリアノンの植物を充実させるために、海軍の上級将校には、ヴァージニア洲への航海中に、ルイジアナやカナダの外国種をも集めるように指示が出た。クロード・リシャールは、ユリノキの種をトリアノンの温室に蒔き、その繁殖と栽培に、息子同様に努力した。

　デュアメル・デュ・モンソー は、1755 年に次のように記述している。

> ユリノキは、栽培可能な種の中で最も素晴らしい植物のひとつで、驚異的な高さと大きさがある。その葉はスズカケノキのように美しく、花は大きく魅力的。この木は、広く繁殖させて、森や並木道に利用すべきであろう。

　この木の花はチューリップに比較され、そのため別名チューリップツリーとも呼ばれる。花は緑がかった色で、葉の間で目立たなく咲いている。

　モクレン属の植物でアメリカ東部原産、現地では湿潤な低地に育っていた。成長が速く樹高は 30m 以上に達する。秋には葉が綺麗な黄色から茶色に変わる。深く湿潤な土壌と十分な空間を必要としている。

LIRIODENDRON tulipifera.   TULIPIER de Virginie   *pag.* 61.

P. J. Redouté pinx   *Duruisseau Sculp*

アンズ

Prunus armeniaca

1783年、160本のアンズの木が、王妃の村里に植えられた。
マリー・アントワネットは自身の村里で採れた産物を味わうことを
楽しんだが、小トリアノンの王妃の寝室から、
果樹園と家庭菜園を眺めることもできた

1770年、ビュショは次のように記した。

> アンズ果実の形や大きさは、接ぎ木する宿木に依存し、日当たりと砂地を好んでいる。壁を背にして植えられたアンズの方が、一本立ちの木よりも大きな果実をたくさんつけるが、大気の影響を十分に受ける後者の方が、味はよくなっている。アンズは種子から自然に育てることもできるが、より多くの品種を作るために、休眠中の芽や新芽をアーモンドやスモモに接ぎ木する。

18世紀、アンズは生食には適さないと考えられていて、高価なジャム、シロップ漬け、マーマレード、ブランデー漬けにされていた。仁は、寄生虫治療に有効と考えられており、また、そのオイルは解熱や耳疼痛に用いられた。

古代ローマでは紀元前後から知られていたアンズは、中国の原産で、中国では2000年前から栽培されてきた。「アンズ」として知られるようになったのは、1560年頃からであり、フランスにはナポリ王国の支配者でもあったアンジュー王ルネ（1409-1480）によって南イタリアから導入された。他の品種は、15世紀以前からルシヨン地方にスペインからもたらされた。スペインにはムーア人の指導者アル・アンダルスによって714年に導入された。

アンズは、暑さにも寒さにも強い丈夫な木だが、強い風、湿地、遅霜は苦手である。深く根を張れる南向きの場所で、自由に育てることも枝を編むことも可能。花が咲き終わったあとで軽く剪定すると、果実の付きがよくなる。

Abricot-pêche.

王妃の村里

ローレル（ゲッケイジュ）

Laurus nobilis

ローレルの常緑の葉は、
永遠の命と平和の象徴

ニンフのダフネ、一説にはテッサリアの川の神ペネウスの娘は、アポロンの熱心な求愛を避けて山へ逃げた。アポロンがダフネを捕まえようとした瞬間、ダフネは父親の助けを求め、ローレルの木に変身した。アポロンは永遠の愛の証しとして、ローレルに永遠の命を与えた。ローレルは占いに用いられ、眠っている人の枕元にローレルの小枝を置くと、予言的な夢を見ると考えられていた。

古代人は、戦争の勇者のためにローレルの葉で冠を編み、その知識と才能の象徴と見なしていた。他人および自身への勝利、およびその結果としての平和と静けさの象徴だった。

常緑の葉は、冬の低木林に人気があり、しばしば霜を避けて南向きの壁に向かって植えられた。

ローレルはフランス語では、laurier-jambon としても知られていた。葉は、煮込み料理やスープの風味づけや、塩漬けハムや、冬の果物籠の飾りに用いられた。

ローレルの実は小型のサクランボほどの大きさで、治療作用のあるオイルを産する（ラングドック地方のローレルの品質が最も良いらしい）。マリー・アントワネットの調香師ジャン・ルイ・ファージョンは、おそらくジュリアス・シーザーに触発されて、ローレルの強い芳香ノートに、マージョラム、セージ、ローズマリーの花、ナツメグ、およびサンダルウッドのオイルを組み合わせて、「皇帝の水」を制作した。この芳香水は、香水として使用されるとともに、失神した患者のこめかみ、鼻孔にすり込んだ。マリー・アントワネットもこの方法で使用したのであろう。

地中海沿岸原産のローレル（スウィート ベイとして知られる）は、樹高が 10m になる。桶での栽培も可能で、剪定や整枝も容易。セイヨウバクチノキ（チェリー ローレル）やセイヨウキョウチクトウ（ドッグバネ）と混同してはならない。これらは、強力な毒性をもつからだ。

LAURUS nobilis

LAURIER commun.

Belle chevreuse.

王妃の村里

モ　モ

Prunus persica

モモは、最も美味しい果実のひとつで、伝統的に生で食べられてきた。
生食の楽しみは、夏の盛りから秋が深まるまで続く
（種々の品種があり、6月中旬から10月遅くまで果樹が生産される）

マリー・アントワネットの母、オーストリア大公マリア・テレジアはモモの実が大好きで、1772年、メルシー伯爵に、シェーンブルン宮殿の菜園用にモモの見本を送るように依頼している。彼女は、やや緑がかった品種を希望したが、その品種名は忘れてしまっていた。それでも、伯爵に優れた品種だけを選択し、できるだけ早く送るようにと頼んだ。伯爵は、大公マリア・テレジアの側近で、フランス大使として駐在し、王妃の親友でもあった。2週間後に以下のような返事が届いた。

シェーンブルン宮の菜園用の果樹をすぐにお送りします。カルトゥジオ会修道院の株も民間のものも古いので、故ポンパドール侯爵夫人の弟マリニー侯爵から、お求めの株はすべてを供給するようと頼まれました。陛下には、完璧な株をお届けいたしましょう。

1786年、王妃の村里の小屋の前にある花壇が家庭菜園に整えられ、野菜や100株のモモを含む果樹が植えられた。モモの木は壁を背にして垣根仕立てにすることで繁茂し、魅力的な木陰を提供した。美味しい果実を得るためには、栽培時に注意深い世話が必要で、4月下旬から八重の花をつけ、その花はバラにも匹敵する美しさがある。

極東原産のモモの木は、ローマ人によってヨーロッパに導入された。この種は春の霜には強く影響される。より丈夫な品種は北ヨーロッパの気候にも順応する。矮小種もあり、テラスやベランダでの鉢栽培が可能である。

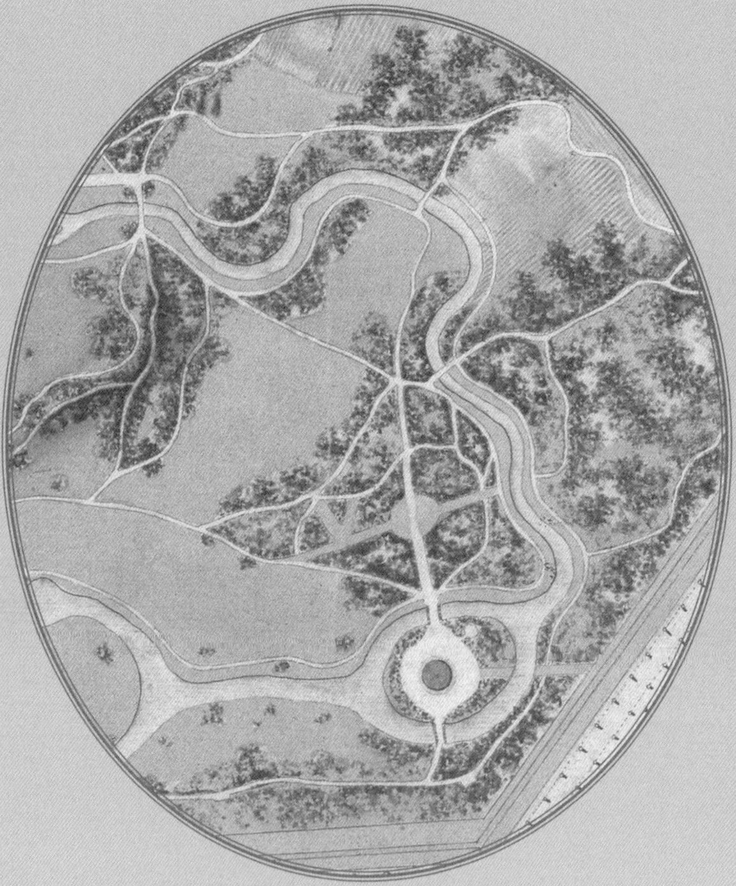

The Temple of Love

愛の神殿

マリー・アントワネットの寝室から、庭園の東にある小島に立つ愛の神殿を眺められた。丸い大理石の建物は、7つの階段が囲み、12本の柱で支えられる中央の丸天井につながっている。中央には、ブーシャルドン作（1746）作の、ヘラクレスの棍棒を切って弓を作るキューピッドが置かれている。当時の紀行文『Voyage pittoresque de la France フランス風雅な旅』（1796）によれば、「神殿は樹木に囲まれ、圧倒的な薔薇、他の芳香植物の香りに覆われていた」と記述されている。

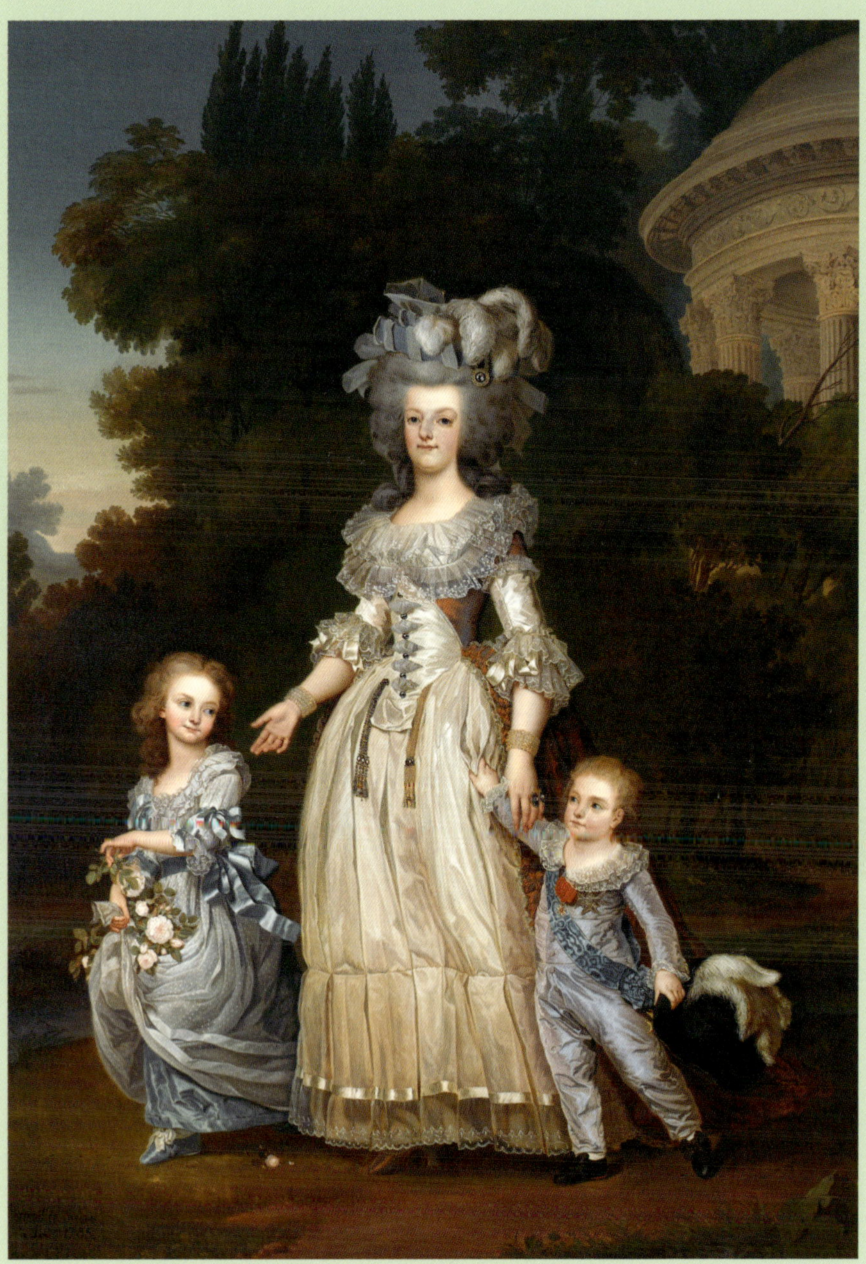

「トリアノンを取り囲む庭園は、圧倒的に英国式です。伝統的な対称性は皆無で、いたるところ、美妙な混沌、愉快な素朴さ、そして自然の美しさが支配していた。小川は淀みなく、清らかに流れ、その花々に覆われた土手は、恋人達の憩いの場です。茂みの中の魅惑的な小島、愛の神殿には、ブーシャルドンの彫刻がキューピッドを描いている。訪れる者は、その優しい神に、微笑まずにはいられない。作者は純潔と幸福な愛を考慮したのだろう。さらに、小さな丘、耕地、草地、小屋、洞窟が見える。華麗で素晴らしい芸術作品の後、再び、自然、我々自身とその心、自身の直感を見出する。静かな夕暮れ、沈む太陽は、私に喜びを与えます。トリアノンの美しさに留まりたいものの、迫る夜が、帰宅を促す。パリに到着した時、疲れ果ててベッドに横たわり、ヴェルサイユの庭のような高尚なものは、二度と見ないといったものでした。一方、トリアノンの田舎的美しさよりも素晴らしいものはありません！」

ニコライ・カラムジン著「書簡18 モスクワからプロイセン、ドイツ、スイス、フランス、イギリスへの旅」第3巻（1803）より

左図：フランス王妃マリー・アントワネットと年上の二人の子供──マダム・ロワイヤルとして知られるマリー・テレーズ・シャルロットと、ルイ王太子とともに。小トリアノン宮イギリス式庭園の愛の神殿前で1785年（ウジェーヌ・バタイユ、1817-75 ＆アドルフ・ウルリッチ・ヴェルトミューラー、1751-1811、画）

愛の神殿

ノイバラ

Rosa canina, Rosa spp.

1784年4月15日、2500株のノイバラが、モロー・ド・ラ・ロシェット氏によって、王妃の庭園のためにトリアノンに届けられた

ノイバラは、大きなピンクあるいは白の花を咲かせるものの、芳香は微弱。しかし、その野性的な外観から、イギリス式庭園では非常に歓迎されていた。八重咲きの品種も存在あって、マリー・アントワネットは、この素朴な生垣用のバラを、自然で人の手の加わらない品種として愛していた。

ノイバラは、他のバラの接ぎ台木にも使用されており、その長く赤い実は、秋から冬に装飾的役割を果たす。

この野生のバラは、薬効も注目されている。18世紀、ノイバラの実は粉砕されて、煎剤や浸出剤に用いられた。ノイバラの実は身体のバランスを整え、腎結石および胆嚢結石を破壊するのに効果的といわれていた。また、仙痛を緩和するとされた。広く知られているフランス語の一般名gratte-culsのように、ノイバラの実は、フェルセンの故郷スウェーデンでは煮込み料理の味つけに用いる。

ノイバラはジャン・ルイ・ファージョンの「芳香ゲルマン水」の成分のひとつで、他にラベンダー、ガーリック・ローズ、ニオイイリス、ニワトコの花が組み合わされていた。ファージョンは、さらに香辛料（シナモン、クローブ、ナツメグ）と安息香、芳香ハーブ（マージョラム、バジル、タイム）を加えた。この芳香水は、薬剤師に「鋭敏に浸透」し、活力を回復し、頭痛を放散させるとして、歓迎された。ファージョン自身は、「この芳香水は、悪い伝染病性の空気に効果的」と信じていた。

ノイバラはヨーロッパやアジアの道端、生垣、森の縁に自生している。この一般的な植物は丈夫な藪を形成し、高さ2〜3mに達する。6〜7月にかけて、ピンクから白の一重の美しい花を咲かせる。ビタミンCを豊富に含む果実は、砂糖漬けにする場合には、初霜の後で収穫する。

Fig. 1. **ROSA** canina.   **ROSIER** des chiens.
Fig. 2. **ROSA** sepium.   **ROSIER** des haies.

バラ

Rosa x *centifolia*

薔薇の花輪と愛の矢は、リボンで結ばれ、
多くの薔薇も絡みつき、愛の神殿の内部を飾っていた。
空気も、周囲に無数に咲くバラの茂みの香りで満たされていた

18世紀のバラは特に人気の高い観賞用植物で、1763〜1769年の小トリアノン造成工事において、客間は薔薇の花輪で、王妃の寝室は薔薇と矢車草で飾られた。ヴェルサイユでの王妃の寝室も薔薇、白百合、三色スミレ、ヒエンソウで飾られた。

1786年、ヴァン・ブラレンベルグによる細密画は、王妃の個室と、近くの庭の東屋に散りばめられた薔薇が描かれている。

バラは、トリアノンおよび王妃の心の中で、特別な存在だった。姉のマリー・クリスティーヌに宛てた1770年9月の手紙では、満開のバラの中心にマリー・アントワネットが描かれた、奇抜な肖像画の作成者を、ルイ15世が賞賛していると書いている。

私が花束の中にいる絵が、国王をはじめ、皆の前に提示された場面を想像できますでしょうか。私は、中央のバラの右にいます。絵には金の刺繍が施され二国の同盟を祝福しているのです。国王は上機嫌で、私は可愛く良い子であることが求められています。画家は、非常に満足そうでした。

1784年、エリザベット＝ヴィジェ＝ルブランは、長女と王太子がバラの茂みに立っている絵を描いた。

マリー・アントワネットの女官カンパン夫人の記憶では、王妃の花を愛でる心、特にバラに対する逸話がある。

ベルタン夫人が、バラで作った花輪を持参した際、王妃は、その花の美しさが、自身の美貌を損ねることを危惧した。彼女は私に近づき、「今後、花が私を損ねる場合には、忠告するように」と命じました[1]。

1782年、ベルタン夫人は絹製造花の花輪を発表した。彼女は王妃のファッションデザイナーで、パリのサントノレ通りに「オ・グラン・モゴール（ムガール皇帝）」という有名な店舗を構えていた。その時、

---

1) Madame Campan, Memoirs of the Court of Marie Antoinette, p. 166.

Rosa centifolia foliacea.   *Rosier à cent feuilles, foliacé.*

王妃は27歳で、花の装飾品はごく若い女性や娘用と考えていた。ベルタンの造花を用いた花輪や首飾りは、イタリアの女子修道院で、ヴェンツェルという名の職人によって作られた。生花の代わりに造花を用いたことで、トリアノンのシャンデリアや燭台の熱で、花がしぼむことがなくなった。これ以降、花は上等のキャンブリック、タフタ、膏薬に浸したガーゼなどで作られるようになり、後者にはジャン・ルイ・ファージョンの好意で手作りの香水が添えられた。

王妃は、髪に薔薇とペルシアハンドイの宝冠をつけていたが、その明るい色は、彼女の服や帽子にも反映された。1783年、ベルタン夫人による造花の薔薇、カーネーションとキンポウゲの花束は36ルーブル、人工の白いライラックの枝束は24ルーブルした[2]。

マリー・アントワネットがバラを手に持つヴィジェ=ルブランの有名な肖像画は1783年に描かれている。画家が王妃に美しい花を持たせ、以後、王妃の肖像画にはバラが特徴的な存在となった。

バラは、マリー・アントワネットが愛した花で、そのイメージはバラの強い象徴性と必然的に結びついた。バラのように王妃は美しく、優雅で、気高い存在として。

トリアノンにおける、王妃の生活を反映して、ヴィジェ=ルブラン夫人は素朴なrobe de gaulle（田舎娘が着る、白無地のワンピース）を着て、つば広の麦わら帽子をかぶった王妃を描いた。親近感を呼ぶかに思えた肖像画は、当時としては衝撃的なテーマと見なされ、公開されると非難の声が上がった。そこで埋め合わせのためにすぐに、有名な礼式のマリー・アントワネット（まだ薔薇は持っている）が作成された。王妃は、前作とまったく同じ姿勢だが、軽く半透明の薄い着衣は、典型的なフランス式の宮廷ガウンに交換されていた。多くの肖像画で、王妃は服や帽子に薔薇をつけ、手に薔薇の花や、バスケットを持っている。薔薇は、彼女のキリスト教信仰も象徴していたかもしれない。薔薇は、異教徒を暗示する（おそらく呪文として）にもかかわらず、古代の教父によってしばしば引用された。天国の園は、百合と薔薇に埋め尽くされているといわれていた。堕落前のアダムとイヴは花の木陰で休み、そこでは毎朝、薔薇の花びらが降り注いだ。

薔薇に関連するキリスト教の神秘説では、赤い薔薇は受難者の迫害（聖人の歌）、白い薔薇は聖母、堕落に対する純血の勝利、赤と白のまだらはエッサイの樹の誕生、ダビデの父、エッサイにはじまるキリストの系図を表すとされていた。エッサイの樹は、12〜15世紀のキリスト教芸術において、頻繁に登場するモチーフである。

キリスト教における図像学で、赤い薔薇はキリストの傷を表してきた。赤い薔薇と

---

[2] *Les Atours de la Reine*, exh. cat. (Paris: Centre historique des Archives nationales, 2001), p. 30.

ノイバラは復活の象徴で、多くの勇者が散った戦場に多く育つといわれた。ノイバラの5個の花弁は、十字架でキリストが受けた傷の象徴だった。

バラは、世界中で最も広く栽培される花で、「植物の女王」と称される。王妃が1779年、小トリアノンから母に送った手紙には、次のように記されている。

> 私の庭が、大きく改良中であることに満足しています。花壇は魅惑的で、温室は壮大になりつつあり、私はここで多くの稀少植物を栽培しています。お母様が送って下さった植物も、予想以上に繁殖し、そのいくつかはパリ植物園に送りました。私の元には見事に美しいキクと、無数のバラ品種があり、庭園には、それらを自然のままに観察しようと、多くの人々が訪れます。

同時代の人々と同様に、王妃もバラに匹敵する庭園用灌木はないと考えていた。6月に白、新鮮なピンク、赤、紫、オレンジ、まだら、黄色の花々が、低木林を彩った。

その美しさと多様性、色彩以外にも、バラには優雅な香りがある。イギリス式庭園では異なった色のバラが固めて植えられ、素晴らしい効果を演出していた。バラ園はベルベット感触の花と、種々の緑葉によって特別な存在となっていた。

トリアノンではできる限りの品種が栽培され、セイヨウバラ（*Rosa* x *centifolia*）は、ルイ15世によって導入されて、温室で栽培され、一年中花を咲かせていた。

薔薇は古くから、愛、純潔、秘密などの象徴として霊感の源だった。古典神話では花はアプロディーテ（ラテン語のヴィーナス）と関連づけられた。最初の薔薇はアプロディーテが海の波から現れた時に芽ぶき、その神が薔薇に美酒を注ぎ、最初の花が咲いたという。古代ローマ神話では、ヴィーナスがアドニスに恋をし、アドニスが戦さの神マルスに傷つけられた際、アドニスの手当てに急ぎ、白薔薇の棘で傷を負ったヴィーナスの血が白薔薇を赤く染めたといわれる。純粋、無実、堅実の象徴である白が、生活力、豊饒、性的快楽および母性などの象徴である赤になった。初期のギリシア神話では薔薇の芳香についても述べている。伝承によれば、好奇心の強いエロスは、薔薇の茂みを凝視しているうちに、花粉を集めるミツバチに刺されてしまう。その傷口から血が滴り、白薔薇を赤く染めた。彼の母アプロディーテが助け寄る際に、腰につけた小瓶から芳香が漏れ、それ以来、薔薇は芳香を放つようになったという。

古代ローマでは、秘密と沈黙の象徴だった。壁にバラが掛けられるということは、客に対して、主人の打ち明けた秘密を漏らさないようにという警告だった。したがって、sub rosa（薔薇の元に）とは「私達だけの秘密」の意味があった。最古の薔薇の

絵は、クレタ島のクノッソス宮殿のもので、ローマ皇帝の衰退にも関わる。暴君ネロの酒宴で、客は薔薇の花弁を浴びせられたが、ネロの評判が高まることはなかった。

薔薇に捧げられた、最も初期の詩のひとつは、13世紀の『薔薇物語』。作者（ギヨーム・ド・ロリスおよび後に、ジャン・ド・マンが未定校を完成させた）は、寓話を駆使して、愛の主題を探求した。「一度薔薇を見たならば、夢はただひとつ、側に寄り、引き抜くのみ」。果樹園を通過して、詩人は、薔薇の冠をつけた怠惰の庭に招待される。訪問中、詩人は、薔薇の首飾りをつけた愛の神を含む、寓話の象徴に出会う。1402年、クリスティーヌ・ド・ピザンによって設立された薔薇香の騎士団が、女性の尊厳を守護したのは偶然ではない。

マリー・アントワネットと同世代のフランスの詩人ジャック・ドリールは、1782年の詩集『Les Jardins ou l'art d'embellir les paysages 庭園と風景の美』第3篇で、薔薇を賛美し「薔薇の名誉をさげすむ者があろうか。ヴィーナスが財産を託した。春はその花輪を飾り、花束を愛す」と記した。

調香師は、セイヨウバラ（$R. \times centifolia$）とダマスクローズ（$R. \times damascena$）二種のバラのみを用いる。セイヨウバラは、16世紀初め以降、徐々にヨーロッパに広まったと考えられるが、もっと早い時期かもしれない。オランダの園芸家は1580〜1710年の間に、200種以上の園芸品種を作り出した。セイヨウバラの由来については記録がないため、正確ではないが『英国王立園芸協会 新園芸辞典』によれば、17世紀にフランスプロヴァンスの町の薬剤師が栽培していたガリアバラ（$R. gallica$）と、シャンパーニュ地方の十字軍ティボー4世がパレスチナから持ち帰ったマスクローズ（$R. moschata$）、ノイバラ（$R. canina$）およびダマスローズが複雑に交配したものとされる。セイヨウバラは大きく芳香性の高い、多数の花弁を持っている。香水産業の中心地フランス・グラースの町の特産品で、モロッコのダデス渓谷でも多く育てられている。$R. \times centifolia$は、ハーブ調ノートに乾燥した花弁、枯草、ヘンナを暗示させる特別な芳香を示す。その香りは潤い、きらめきを感じる美しいものである。

バラは五感に訴え、種々の喜びの源になる。蜂蜜、ムスク、レモン、アプリコット茶、およびラズベリーのノートを発する。青以外のすべての色、白、ピンク、紫、深紅、緑まで表する。花弁はベルベットのようで、サテンの滑らかさ、あるいはコケのような手触りがある。花弁は食用にもなり、クリーム、タルト、シロップ、甘露煮、ジャムなどの芳香成分として用いられている。

古代より、バラは多くの医薬品として用いられてきた。ヒポクラテスは、ローズのオイルと花弁の汁を、逆流性食道炎、消化管痙攣、潰瘍、耳痛、歯痛などの疾患の治療に用いた。ルイ14世の薬剤師ニコ

ラ・レムリーは『Cours de chymie 薬物辞典』(1685) の中で、「色が淡く、素朴なバラが最も強く香り、最適で、少ない花弁に有効成分が凝縮されているので、医薬品に用いる。それらは下剤で、血液を希釈し浄化する」と述べている。18世紀の外科医は、乾燥させたバラの花弁の煎剤を発酵させたものを使用した。バラの花弁自体、あるいは他の成分とともに、ジャムやシロップにも用いられた。バラの蒸留水はタペストリーの香りづけに用いられた。

フランスで最初の蒸留実験（アルアンダルスのムーア人から伝来した技術）は、13世紀から14世紀、モンペリエで、錬金術師で医師のアルノー・ド・ビルヌーブによって行われた。当時、ローズウォーターは、洗礼や、食事時の手洗いに広く用いられていた。古代には、バラは香水や女性の化粧品に使用された。18世紀、濃厚なムスク様の「動物性」香水は、すでに流行ではなく、女性用の香水や化粧品には、バラが人気の成分だった。1711年の論文「Toilette de Flore à l'usage des dames」には、種々のバラを基本にした芳香水、Eau des dames 女性の水、Eau divine 神の水、Eau céleste 空色の水などが記載されている。これらは、皮膚に塗ったり、ローションや酢剤に添加して皮膚や身体を拭くのに用いられた。バラ精油の調製法は、次のようなものだった。

> 12ポンドのバラをとり、すり鉢で3握の海塩を加えて粉砕し、そのペーストを12パイントの川の水に溶解させ、24時間浸出させる。金属製の蒸留瓶に注ぎ、砂風呂を用意してゆっくりと蒸留する。最初に強い芳香の蒸留水が得られ、すぐに乳濁し、蒸留が進むにしたがって、蒸留水の表面に厚い油の層が観察できる。この油層がバラの精油である。蒸留水を捨ててはいけない。それは、通常店で売っているものよりも、優れた芳香を示す、上等のローズウォーターである。

バラはその香りに価値があるが、古くから、その化粧品としての特性も知られている。ムスクバラは、多不飽和脂肪酸が豊富で、皮膚の老化を抑え、肌のキメと柔軟性を高めるとともに、瘢痕を緩和し、シワを伸ばす、若返りオイルを産する。

セイヨウバラとも呼ばれる *Rosa x centifolia* は、複雑な交配種で、その由来は定かでない。現在の姿は、17世紀から18世紀のオランダの園芸家に負うところが大きい。そのラテン語名は、花の豊富な花弁（100枚におよぶ）に由来し、英語の一般名は、小型で球状の芳香を発する花に由来する。花は6月初旬より低木林を覆っている。

HESPERIS I.

La Charmante.
123.

愛の神殿

ハナダイコン

Hesperis matronalis

愛の神殿の小島にかかる橋には、ニオイアラセイトウと
34個の鉢植えのハナダイコンが並べられていた

詩人アルフォンス・カーは、ハナダイコンは王妃の好きな花のひとつだったと記録している。その花は、投獄されていたマリー・アントワネットに最後の慰めを与えた。看守リシャールの夫人は、自らの危険を顧みず、王妃に花束を届けた（後に通報され、自身が投獄された）。

フランスでは、juliane、cassolette、girofée musquée、giroflée des dames あるいは violette de Damas などと呼ばれるハナダイコンは、大きな花壇や鉢植えでニオイアラセイトウと同様に育てられている。

最も一般的な品種の花は白（王妃の好みの色）だが、斑入り、紫、赤などの品種も、希ではあるが存在する。八重咲きや、より大きな花、小さな花の品種も栽培されている。春遅くに開花し、ムスク様の香水に似た芳香を、特に夕方にかけて発散する。その植物学名はギリシア語の hespera に由来し、意味は「夕方」である。種子、挿木、および根で繁殖し、自家播種でも、涼しい砂地、生垣、低木林で育つ。

ハナダイコンには、利尿作用、発汗作用、および去痰作用があると考えられ、腫れ物用に処方された。ハナダイコンは医薬としては、広く利用されていないが、時に、壊血病、喘息、咳、痙攣などに用いられた。

ヨーロッパおよび中央アジアの原産のこの植物は、30〜90cmに成長する。近縁のニオイアラセイトウは、芳香性でライラック色の花を夏に咲かせます。二年生の植物として、涼しい、日当たりのよい場所で、やや痩せた土壌に自家播種で育ちます。

Pl. 25. *Giroflée jaune.* Cheiranthus Cheiri L.

Famille des Crucifères.

愛の神殿

ニオイアラセイトウ

Erysimum x *cheiri, Matthiola incana, Malcomia maritima*

小川を渡って、愛の神殿に通じる橋は、木製の桶に植えられた花々で飾られていた。ハナダイコンは、ストック（*Matthiola incana*）や黄色のニオイアラセイトウ（*Erysimum x cheiri*）と混栽されていた

　宮廷の公文書記録では、50株のニオイアラセイトウが、パリの橋を飾るため、1783年6月9日に購入されている。1770年に書かれたビュショの記録では「この植物の花の芳香に優るものはありません。そのさまざまな色彩は、花卉栽培者にとって究極の喜びで、したがって、これらは豊富に使用されます」と記載されている。

　ストックは、広く銀色を帯びた葉を持ち、5～10月にかけて、白、ピンク、赤、紫など種々の色彩の花を同時に咲かせます。温室で育てられ、桶で戸外に出され、壁やテラスを飾った。しばしば、花束にも使用された。

　マリー・アントワネットは、外国産の新しく輸入された植物にあこがれたが、壁や屋根に自生しているニオイアラセイトウも、トリアノンで大量に植えていた。ニオイアラセイトウは、ゼラニウムとともに、王妃の村里にあったモールバラ・タワーの頂上に続く階段に置かれていた。ニオイアラセイトウは、4～9月にかけて、滑らかな芳香の花を大量に咲かせ、それは間違いなく王妃を喜ばせた。栽培下では、八重咲きや斑入りの品種も得られ、園芸家に歓迎された。

　1760年、未来のトリアノン庭長であるアントワーヌ・リシャールは、南フランス探訪に出発し、ヴァージニア ストック（*Malcomia maritime*）を含む、多くの未採集種を持ち帰った。ヴァージニア・ストックは、一年間の順応期間とヴェルサイユでの丁寧な養育を経て、八重の花を咲かせた。

　18世紀、ニオイアラセイトウは、アブラナ科に属するとされた。一年草あるいは2年草として栽培され、その花は早春、ラッパスイセンやチューリップに続いて開花する。黄色のニオイアラセイトウは、自然繁種するが、栽培品種はより繊細で、一年草として扱われる。

愛の神殿

カラマツ

Larix decidura, syn. *L. europaea*

マリー・アントワネットの時代、カラマツは観賞用庭園で人気の木で、
幼少時を過ごしたオーストリアの山地風景を彷彿させたことだろう

　公文書の記録では、植物学者のデュアメル・デュ・モンソーが、ドーフィネ地方から8株、カラブリア地方から1株のカラマツを小トリアノンに持ち込み、フランスで最初に栽培したとされている。これらの木々は、愛の神殿付近の数ヵ所をはじめ、イギリス式庭園の各所に植えられた。

　カラマツはマツに似て、美しい樹脂性の高木で、細く糸状の葉を有する。他の樹脂性樹木と異なり、柔らかく針状ではない葉は、秋に落葉し、5月に新緑となることから、春の低木林に、しばしば用いられる。

　カラマツは、ヨーロッパの中高度山岳地帯、特にアルプスでは、普通に見られる。そのラテン語名 *larix* は、「脂肪性」あるいは「オイル性」を意味し、木部に樹脂が豊富なことを表している。木心部まで穴を開けると、フランスの薬剤師には bijon として知られる液体を産し、これはテレピン油の代用品になる。この樹脂は、「ヴェニス・テレピン油」として知られるガム状物質にもなります。カラマツには弱い下剤作用があり、その木材は、羽目板、室内の梁、床材などに用いられる。

　カラマツは、勇気や大胆さ、生命、および復活の象徴である。呪い師の木で、多くの儀式、伝統的な言い伝え、伝説、神話の対象である。アルプスではカラマツの木は、伝統的に、過酷な環境に暮らす人々を守る、神秘的存在の隠れ家である。カラマツの霊は魂をこの世からあの世へと導いていく。ある伝説によれば、死者の魂は、最後の裁きを受けるまで、カラマツの木に宿るという。

この木は、樹高35mに達する。そのまっすぐな幹、優美なピラミッド型の形状、落葉性の葉などが、公園や大規模庭園の観賞用樹木として好まれる。栽培品種には、「しだれ」や矮小種があり、小規模な庭園にも適応している。

Pl. 395. Mélèze d'Europe.   Larix europæa DC.

愛の神殿

プラタナス

Platanus orientalis, P. occidentalis, P. acerifolia

装飾性に富んだ色とりどりの樹皮から、小トリアノンを代表する樹木。
ロンドン プラタナス（*Platanus acerifolia*）、オリエンタルプラタナス、
アメリカ プラタナス（*P.occidentalis*）の三品種で構成されていた

1776年、各3.5mの12株のプラタナスが、王妃の庭園に移植されるべく、国王の養樹場に届けられた。東洋株とアメリカ株の各1本の木は、キササゲの空地に移植された。1795年までに、この2本の株は24mにまで成長した。その他の株は愛の神殿の付近に移植された。

プラタナスの木は、公の遊歩道、大通り、や公園の各所に理想的な樹木だった。プラタナスの樹は、高く、強靭でまっすぐな幹を持ち、下枝は少ない特徴がある。

デュアメル・デュ・モンソー（1755）は、プラタナスの素晴らしい根頭に関して「大きな鳥が止まっても、見つからない」と述べている。

東洋プラタナスとアメリカスズカケノキは1650年頃に交配され、フランスで最も一般的な、いわゆるロンドン・プラタナスを生んだ。現在、トリアノンの庭園には「象の脚」として知られるプラタナスが人目を引いている。

プラタナスは、ガイア（クレタおよびギリシアの大地の女神）とタニタ（カルタゴの豊饒の女神）に関連する。その手形の葉は、神の存在を示すと考えられていた。ギリシア神話では、その樹皮が蛇のように、シート状に剥けて再生することからプラタナスは復活の象徴だった。

地中海沿岸および小アジアの原産で、ヨーロッパには、ローマ人が導入したと考えられる。その葉には、深い切り込みがある。長寿で、非常に古い個体が確認されている。アメリカスズカケノキは、葉の切り込みが、最も小さい品種である。通常のプラタナスは、多くの果樹をつけ、その葉は、他の品種よりも早く散る。

PLATANUS orientalis.   PLATANE d'Orient.

SALIX alba.

SAULE blanc.

愛の神殿

セイヨウシロヤナギ

Salix alba

愛の神殿の裏手、隠れ垣はよく知られた泉の源泉である。
トリアノンの景色は、さらに、シロヤナギが並ぶ、
人工の小川と湖によって形作られていた

シロヤナギは、枝細工に用いるために、最初の若枝は刈り込む。愛の神殿近くのシロヤナギは、近郊の牧草地から移植されたもので、その銀色の色合いは、葉の両面に生えた、細い絹様の毛によるものである。デュアメル・デュ・モンソーは、1755年に次のように記している。「元気なヤナギほど、見事な蔭を作る木は、めったにない。立派な幹になるように刈り込んだ後は、鋏を入れることはない。その木の姿を見たものは、誰もが感心する。歩き難い、庭園の沼地を飾るのに用いられ、素晴らしい眺望を与えている」

ヤナギの種子、樹皮および葉は、収斂作用、活性化作用、「節酒」作用が注目されていた。シロヤナギの煎剤は、古代ギリシアで使用され、ヒポクラテスはそれを疼痛緩和に用いた。ヨーロッパの異教徒は、ヤナギには神秘的な力があると考え、魔女の箒の柄はヤナギで作られていると考えた。水辺や沼地に根を張ることから、病気や不調の根源と考えられ、神秘性が加えられた。

果実は実らず、この木は、不妊と貞操の象徴でもある。ルイ16世とマリー・アントワネットは、宮廷生活に不満を抱きながら、1778年にその最初の子供マダム・ロワイヤル（マリー・テレーズ・シャルロット）の誕生まで、8年間待った。

北半球の涼しい地方の湿地原産のヤナギには、約350種の品種が知られている。シロヤナギを含む、ヤナギの仲間の樹皮には、アスピリンの主要成分であるサリシンが含まれている。シロヤナギは、その銀色の葉によって、非常に鑑賞に適している。栽培品種の中には、枝や茎が、黄色やオレンジ色のものがある。

愛の神殿

シナノキ

Tilia sp.

シナノキは夫婦愛の象徴。
素晴らしいオランダ シナノキ（*Tilia platyphyllos*）が、
愛の神殿付近に繁茂していた

マリー・アントワネットの時代には、人気のある樹木で、トチノキが愛顧を失うと、シナノキなしには、当世風の庭園は成り立たなかった。小トリアノンの食堂は、シナノキの並木道に向かって開かれていて、その正面は完全に緑に覆われ、40株のシナノキの苗木に囲まれていた。シナノキは、鎌やはさみで容易に刈り込むことができ、素晴らしい通り口や桶植えのオレンジを彷彿させる球状などに、整枝することができた。

キリスト教の伝承では、シナノキはその美しく芳香を発する花によって、神聖な存在と見なされる。中世、シナノキはしばしば、教会の近くに植えられていた。東フランスおよびドイツ系の国々では、シナノキは「正義の木」でもある。その木陰では、公共の仕事が議論され、法廷が召集され、判決が下りた。皮肉な巡り合わせで、シナノキは1792年、革命の象徴として新政府に採用された。

シナノキは煎剤として飲まれ、癲癇、眩暈、失神などの症状に薦められた。葉と樹皮には洗浄作用と食欲増進作用があると考えられていた。その種子は人気のある収斂剤で、粉を吸引することで鼻血を止める。シナノキの木材は、軽く、加工が容易で、その繊維は丈夫で、亜麻や麻がフランスに到来する以前は、長く良質なロープの原料になっていた。

北半球の温帯性森林には、50種を超えるシナノキの仲間が存在する。この丈夫な木は生長が速く、刈り込みにもよく耐える。シナノキはしばしば、都市部の並木道や歩道に植えられる。庭園では夏に、他に比べようのない、涼しい木陰を提供する。最近の栽培種の中には、その味が悪く芳香がないため、煎剤としての利用に適さない交配品種が多くある。

TILIA platyphyllos.   TILLEUL à larges feuilles.

Pl. 151. *Viorne Obier.* Viburnum Opulus L.

愛の神殿

カンボク

Viburnum opulus

1885年、ギュスターブ・デジャルダンは、「白い雪のボール」が
愛の神殿付近の小島に育っていると記述している

　今日、トリアノンの小島に、この植物の痕跡はありません。一方、デュアメル・デュ・モンソーは、1755年に、スノーボールとしても知られるカンボクが、球形の花房をつけて、栽培されていたことを記録している。花は、通常白で、時に、紫やスミレ色を呈しますが、結実はしない。デュアメル・デュ・モンソーによれば、斑入り葉の品種がトリアノンで栽培されていた。

　1776年、クロード・リシャールは、王妃の庭園に移植する25株のヨウシュカンボク（boules de neige）を、王の育苗所から受け取った。1770年、ピエール=ジョセフ・ビュショは「カンボクは、非常に美しい花を咲かせ、それ故に、低木林に装飾的に利用され、5月の庭園に良い効果を与えます。その花は、切り花として室内装飾に用い、その芳香によって、戸外の低木林の状況が再現されるかのようです」と述べている。

　鮮やかな春の花、魅力的な葉群、秋の果実により、カンボクは装飾的な灌木です。その果実は冬を通して、小鳥を喜ばせるため、しばしば、狩小屋の近くに植えられる。マリー・アントワネットの時代には、カンボクの葉は、髪を濃くし、抜け毛を防ぐと考えられた。

　5月の愛の神殿では、カンボクの花と花弁が風に舞い、雪嵐のようだった。実物と見間違う錯覚や劇的効果が好きだったマリー・アントワネットを、この幻想は喜ばせたに違いない。

　このガマズミ属の植物は、フランスではスノーボール（ヨウシュカンボク）、あるいはゲルダーバラ（カンボク）として知られているが、今日では *Viburnum opulus* と引用される。5～6月に開花する、その大きく、白いクリーム色の芳香を発する花房と、秋に実る装飾的な果実が、カンボクを人気の庭用植物にしている。この植物は、秋に黄色く紅葉する灌木の隣に植えると引き立つ。水はけの良い、肥沃な深い土壌に繁茂する。

Pyrus Malus L.

愛の神殿

ヤマリンゴ

Malus pumila

リンゴの早く豊富な開花は、王妃を喜ばせたに違いない。
小トリアノンでの王妃の寝室からは、この果樹園が見渡せた。
魅惑的な名前（天国のリンゴ）は、「禁断の果実」を連想させる

　ギュスターブ・デジャルダンは、ヤマリンゴが、白いオオデマリやその他の芳香性灌木とともに、愛の神殿周辺に植えられていたと記録している。レオンハルト・フックスの『De Historia stirpium commentarii insignes 植物誌』（バーゼル、1542）では、「ラテン語の詩によれば、アダムとイヴが齧ったリンゴは、正しくこの品種で、したがって、そのリンゴが存在した場所の名前が継承されている」と記述されている。小トリアノンの食堂の暖炉は、リンゴの彫刻で取り囲まれていた。

　リンゴの木には、予言的な能力があるとされ、リンゴの皮を切れ目なく、剥き終えた者は一年以内に結婚するとされていた。その皮を空中に投げると、皮は本当に愛する人のイニシャルを示すともいわれた。枕の下にリンゴを置いて寝ると、将来の配偶者の顔が、夢に現れるともいわれた。リンゴの果樹園を作るのに、愛の神殿以上に適した場所があっただろうか？

　ヤマリンゴの木は小さく、したがって、そのラテン語名の *pumila* は pumilus すなわち「矮小」に由来する。この木は景観を阻害することなく、小規模の庭園には最適である。

　デュアメル（1755）は、以下の忠告を行っている「小型のリンゴの木が求められた場合には、ヤマリンゴと呼ばれる品種に接ぎ木すべきであろう。この種は、1m 前後にしか成長せず、この小さな木は、取り木や挿木で、容易に増やすことができる」

　ヤマリンゴは、接ぎ木の台木として、広く用いられている。その果実（リンゴ）は、品質は劣るが、早くに熟する。

18世紀、リンゴの木は春に咲く花を鑑賞するために栽培されていた。ヤマリンゴは、この点で理想的な品種である。自由に生育させる場合でも、壁に這わせる場合でも、ヤマリンゴは、重い粘土質の土壌と日当たりを好み、果実は、品種により、7〜11月下旬に収穫される。

Bois. Plantes de jardins.

Pl. 183. Lilas Charles X. Syringa vulgaris L.

Famille des Oléacées.

愛の神殿

ライラック

Syringa sp.

ヴェルサイユでのマリー・アントワネットは、
八重咲きピンクのライラックの小枝のに囲まれながら眠った。
ライラックを散りばめた絹の生地が、
正寝室の壁とベッドに施されていた

オウバーキルヒ男爵夫人は、小トリアノンの庭園の早朝散歩で出会った、ライラックの繊細な香りについて、次のように記述している。「なんと魅力的な散策でしょう。香しいライラックの林は非常に魅力的でした。天気も申し分なく、大気は、香油の芳香に包まれていました」

庭園の中で、最も芳香性の灌木類は、愛の神殿の周囲に集められていた。1776年、クロード・リシャールは、30株の成長したライラックを、王妃の庭園に移植するために受け取った。5月の灌木林を覆う白から淡いスミレ色の芳香花の房は、春の低木林における人気の的だった。

ペルシアライラック（*Syringa* x *persica*）は、より小型で、華麗な青や白の花をつける。この品種も、18世紀には非常に人気があった。鉢植えや、花壇、庭園の縁などに植樹され、鋏で剪定して球状に成形することもできた。ライラックの花は、密集した房状で、スズランとバルサムのノートを示す、繊細な芳香を発する。

8世紀、調香師はライラックの香りを再生できずにいた。花の芳香を採取することが困難だったからだ。ラテン語名は、ギリシア語の syrinx に由来し、葦あるいはより一般的には「細く長い物体」を意味し、ライラックの花の房に関連している。

トルコ人は、ライラックの枝でパイプを作った。フランスでは、ライラックの種子は、収斂剤で、抗癲癇作用があると考えられ、散剤や煎剤として服用された。

栽培の歴史は古く、オスマン帝国時代に遡る。ライラックはヨーロッパには16世紀に紹介されたが、500種以上の栽培品種があり、一重、八重、赤、ピンク、および紫の花が咲く。ライラックは、肥沃で水はけがよく、部分的に日陰の環境を好む。夏に剪定すると、翌年の花付きがよくなる。今日、ペルシア（あるいはケープ）ライラックと呼ばれているのは、より大型の *Melia azedarach* のことである。

愛の神殿

セイヨウバイカウツギ

Philadelphus coronarius

バイカウツギの花言葉は、
記憶、永続性に対する確かな感謝、消えない芳香

1776年、1メートルのバイカウツギ30株が、王妃の庭園に移植されるべく、国王の養苗所に届けられた。これら装飾性の高い灌木は、海峡を越えた18世紀のイギリスでとても人気があった。白い花の香りは、5〜6月にかけて、愛の神殿の周囲を芳香に包む。フランス式庭園では装飾柵の中央部分で壁に対して植えられ、また観賞用の大型灌木としていたるところで用いられた。正式庭園では、定期的に刈り込まれたが、イギリス式庭園では高いまま、自然に育てられた。白、斑入り、八重の3品種が栽培された。バイカウツギは現在に至るまで人気の灌木で、土壌や立地を選ばず完全な日陰でも育つ。

濃厚で滑らかなバイカウツギの香りは、すべての人の好みに合うとは限らない。1755年、デュアメル・デュ・モンソーは次のように書き留めている。「匂いは距離を置くと美しいものの、近くで嗅ぐと強すぎる」頭痛を訴える人もあったという。これを避けるために、大きな茂みではなく、小さな株を複数用いることが薦められた。距離を置くとその香りは、誰にでも好まれた。18世紀には、その香りをオイルや酒精剤として定着することに成功していなかった。

あるイギリス人の植物学者は、葉からはキュウリの味がし、香りはオレンジの花に似ていると記している。イギリスではしばしば、室内の桶に入れられ育てられた。

東南ヨーロッパおよび小アジアの原産。この丈夫な木は育てやすく、白亜質以外のすべての土壌に適応する。その美しく、大きな白い花は、直径が5cmに達する。その濃厚な香りは、夕暮れに強くなり、刈り込み過ぎると、翌年の花付きが悪くなる。

PHILADELPHUS coronarius.   PHILADELPHUS odorant. *page 69*

J.P. Redouté del.   Tassaert Sculp.

小トリアノン庭園の詩

シュヴァリエ・ベルタン作（英文）

A spellbound wilderness I saw
Painted as by Taste herself;
That celebrated garden fair,
That work of Art, and Nature's glass,
Her work surpass'd by hand of Man.
O Trianon, may winter's chill
And icy blasts your beauty spare!
Sweet Trianon, what transports of delight
In lovers' souls your sight inspires!
I thought to see, 'neath your green shade,
The dwelling place of shadows sweet.
What pleasant sites, with magic pow'r
These fertile lands have amply graced,
Delighting the eye, in one small space,
With hollow'd lakes and mountains raised,
Their watchful brows bear witness to
A noble birth—a palace fair.
Be gone, fantastical retreats,
Creations of the poet's mind,
In verse mendacious brought to us;
Be gone ye monuments aligned
In parks of old, all planted straight.
Le Nôtre's symmetry exact
Shall strive in vain my eye to please;
Sweeter by far this disarray
Of rich and varied tableaux bright,
Sown by England's generous hand.
Atop the Belvedere my gaze
Roams far and wide, o'er woods and lakes.
There, the rocky chaos struck
By Neptune's trident gushes forth
A mountain stream whose muffled roar
Is silenced soon: a tranquil lake
Extends beyond the mountain's foot,

That sacred mount, a modern Delos,
Hallow'd haunt of ancient gods,
Where Eros shoots the darts of Love.
O ye who fear His empire's reach,
Flee from this, Love's own estate,
For here Love's spirit conquers all.
The very air does breathe His name
O'er gentle valleys, shady paths,
And grassy thrones. This Solitude
Is Love's retreat. His mystery dwells
In fragrant woods, for pleasure framed.
Beneath the lilac's bending bough,
Softening the midday heat,
A hidden spring its course begins,
From mountaintop, through fields of flowers.
Draw near: such sights! This half-trod grass
With flowers from a bouquet strewn,
And there, entwined upon the sand,
Letters the wind dares not erase.
On sight of this, and the murmuring stream,
Lone voice in a wilderness of peace,
I felt the urgent, inward pull
Of Melancholy's quiet snare,
And sweet Catilie's memory
Seized my pleasure-sated heart.
O that I might, belov'd Mistress,
Roam with you this haven fair,
And tenderly, through bosky shade,
Lead you in the sun-kiss'd dusk!
The trees, the air, the rivers' banks,
Witness the amorous birds' embrace
While I, benighted widow, walk
The mossy wild, alone and lost.

Must I the secret, winding ways
Without you tread? This tumbling brook
First softly runs and murmurs low,
Lies still, then winds and sings anew,
Comes hither, turns, and sparkling, flees
To play among the meadow flowers,
The clover and the slender reeds,
Unbinding tangled isles of twigs
Collected 'neath the bridge's span.

What artistry has here convened
Exotic guests, as saplings brought
From distant countries, far and wide,
With pendant flower-clusters bright;
Virginia tulip, spreading far
Her richest colors on the air;
And Indian bean[1], of noble shade,
And precious maple, verdant larch:
All witness my exquisite pain.
A hundred flowering bushes line
Each thoroughfare, and lead askance
To copses new, with waxen bark,
And Judas trees, and cedar rare,
Growing tall amongst the elms.
Laburnum drinks the crystal stream,
And foreign oaks on beds of green
Deploy their pliant branches round.
O meads, belov'd of Flora fair,
O gentle promenade,
The refuge and the work of gods!

And now, amid the sacred groves,
What splendid colonnade is this,
Its marble white against the sky?
Love's sanctuary, a Temple bright,
Built for her son by Trianon's Queen;
Its entrance cloaked from mortal sight
By willow curtains, and within,
Love's statue, with his conquering tread,
The shield of war beneath his foot,
His dainty bow carved from the mass
Of Hercules' knotty club,
His knowing smile a challenge to
All those who at the Temple's sight
Do tremble with access of joy.
Thrice the sacred, dusty stone
I kissed, and thrice have incense burned.
Then 'pon his beauteous locks did place
A myrtle crown, with ivy twined.
And at his feet my solemn vows
Did pledge, and murmuring low, this prayer;
O Love, vouchsafe my ardent flame
For Catilie may ever burn;
I pray her Beauty never fades
According to my loving sight.
Before I e'er forget her love,
I pray you, may I sleep in Death!

Antoine de Bertin,
"Elégie XIX: Les jardins du Petit Trianon,"
Les Amours, **1780**

---

1) The original French mentions "Le catappas de l'Inde," but it is debatable whether this is a reference to catalpa (or Indian bean) or Carl Linneaus's Terminalia catappa.

小トリアノンにある外来の種子樹木の分類目録 (1795)

Germinal 4 and 6, in the third year of the single and indivisible French Republic (March 24 and 26, 1795)

Jean-Pierre Peradon and Antoine Richard
(Archives of the city of Versailles)

In accordance with the decree of Ch. Delacroix, People's Representative, on this the first day of the month of Pluviôse [the fifth month of the Republican calendar], concerning the descriptive inventory of all foreign seed-bearing trees planted in the demesne of the Petit Trianon, the said account to be delivered to him, and likewise to the Council of the district of Versailles, We the duly nominated commissioners, having made our way to the designated place accompanied by Citizen Ducaille, being also nominated by the Council for the subdivision of the areas of the aforementioned gardens, and whom we have requested to attend in order to furnish any information necessary to the successful conclusion of the mission with which we have been entrusted, have proceeded thus:

Silver Fir (*Abies alba* Mill.)
Montpellier Maple (*Acer monspessulanum* L.)
Mountain Maple of America (*Acer pensylvanicum* L.)
Lacinated Norway Maple (*Acer platanoides* L. 'Laciniatum')
Red-flowered and fruited Sycamore Tree (*Acer pseudoplatanus* L.)
White-flowered and fruited Sycamore Tree (*Acer pseudoplatanus* L.)
Scarlet Maple (*Acer rubrum* L.)
White-fruited Scarlet Maple (*Acer rubrum* L.)
Scarlet Maple of Virginia (*Acer rubrum* L.)
Tomentose Scarlet Maple (*Acer rubrum* L. 'Tomentosum')
Southern Sugar Maple, Florida Maple (*Acer saccharum* Marshall 'Floridanum')
Mountain Maple (*Acer spicatum* Lam.)
Yellow Horse Chestnut (*Aesculus flava* Sol.)
Spurious Service Tree (*Ailanthus altissima* [Mill.] Swingle)
Oak-leaved Alder (*Alnus glutinosa* [L.] Gaertn. 'Quercifolia')
Low American Alder (*Alnus serrulata* [Aiton] Willd.)
Canadian Medlar (*Amelanchier canadensis* [L.] Medik.)
Amelanchier (*Amelanchier ovalis* Medik.)
Pyrenean Medlar (*Amelanchier ovalis* Medik.)
Ash-leaved Maple (*Acer negundo* L.)
American Sugar Maple (*Acer saccharum* Marshall)
Canadian Birch Tree (*Betula lenta* L.)
Paper-Bark Birch Tree (*Betula papyrifera* Marshall)
Small-leaved Eastern Hornbeam (*Carpinus orientalis* Mill.)
Ovate-leaved Catalpa (*Catalpa ovata* G. Don)
Chinese Gleditsia (*Caesalpinioides sinense* [Lam.] Kuntze)

Oak-leaved Common Hornbeam (*Carpinus betulus* L. 'Quercifolia')
Eastern Hornbeam (*Carpinus orientalis* Mill.)
White Walnut, commonly called Shagbark in America (*Carya illinoinensis* [Wangenh.] K. Koch)
White Hickory, White Virginia Walnut (*Carya tomentosa* [Poir.] Nutt.)
American Sweet Chestnut (*Castanea dentata* [Marshall] Borkh.)
Bignonia-like Catalpa (*Catalpa bignonioides* Walter)
Cedar of Lebanon (*Cedrus libani* A. Rich.)
Lote tree, Nettle Tree (*Celtis occidentalis* L.)
Tree Dogwood, Wild Dogwood (*Cornus alba* L.)
Alternate-leaved Dogwood (*Cornus alternifolia* L.f.)
Dotted Dogwood (*Cornus alternifolia* L.f.)
Venice Sumach, Coccygria (*Cotinus coggygria* Scop.)
Canadian Service Tree (*Crataegus* L.?)
Azarole (*Crataegus azarolus* L.)
Cockspur Hawthorn (*Crataegus coccinea* L. or *Crataegus crus-galli* L.)
Virginian Azarole (*Crataegus crus-galli* L.)
Lineate-leaved Virginian Azarole (*Crataegus crus-galli* L. 'Linearis'?)
Small-leaved Virginian Azarole (*Crataegus crus-galli* L.?)
Maple-leaved Crataegus (*Crataegus phaenopyrum* [L.f.] Medik.)
Tansy-leaved Hawthorn (*Crataegus tanacetifolia* [Lam.] Pers.)
Pear Hawthorn, Downy Hawthorn (*Crataegus tomentosa* L.)
Purple-leaved Beech (horticultural variety) (*Fagus sylvatica* L. 'Atropurpurea')
Black-leaved Beech (horticultural variety) (*Fagus sylvatica* L. 'Atropurpurea')
New England Ash (*Fraxinus americana* L.)
Walnut-leaved New England Ash (*Fraxinus americana* L. 'Juglandifolia')
Simple-leaved Common Ash (*Fraxinus excelsior* L. 'Heterophylla')
American Black Ash (*Fraxinus nigra* Marshall)
Flowering Ash (*Fraxinus ornus* L.)
Maidenhair Tree (*Ginkgo biloba* L.)
Water-Locust (*Gleditsia aquatica* Marshall)
Honey Locust, Three-thorned American Acacia (*Gleditsia triacanthos* L.)
Canada Nickar Tree (*Gymnocladus dioicus* [L.] K. Koch)
Halesia (*Halesia tetraptera* J.Ellis)
Witch Hazel (*Hamamelis virginiana* L.)

Swamp Holly (*Ilex decidua* Walter)
Butternut (*Juglans cinerea* L.?)
Black Virginia Walnut (*Juglans nigra* L.)
Eastern Black Walnut (*Juglans nigra* L.)
Canadian Common Juniper (*Juniperus canadensis* Lodd. ex Burgsd.)
Canadian Juniper (*Juniperus canadensis* Lodd. ex Burgsd.)
Swedish Juniper, Tree Juniper (*Juniperus communis* L. 'Suecica')
Cedar of Virginia, Red Cedar (*Juniperus virginiana* L.)
Common Larch (from Calabria) (*Larix decidua* Mill.)
Common Larch (from the Dauphiné) (*Larix decidua* Mill.)
American Larch (*Larix laricina* [Du Roi] K. Koch)
Black Larch (*Larix laricina* [Du Roi] K. Koch)
Benjamin Tree (*Laurus benzoin* L.)
Liquidamber (*Liquidambar orientalis* Mill.)
Maple-leaved Storax Tree (*Liquidambar styraciflua* L.)
Tulip tree, Virginian Tulip Tree (*Liriodendron tulipifera* L.)
White-flowered Magnolia (*Magnolia acuminata* [L.] L.)
Siberian Crab Apple (*Malus baccata* [L.] Borkh.)
Wild Crab of Virginia, Virginian Crab Tree (*Malus coronaria* [L.] Mill.)
Mulberry with Black Fruit, Common Mulberry (*Morus nigra* L.)
Red Mulberry (*Morus rubra* L.)
Black Tupelo, Black Gum (*Nyssa sylvatica* Marshall)
Climbing Canada Vine, Virginia Creeper (*Parthenocissus quinquefolia* [L.] Planch.)
Green-coned Spruce (*Picea* A. Dietr.)
White Spruce Fir (*Picea glauca* [Moench] Voss)
Black Spruce (*Picea mariana* [Mill.] Britton, Sterns & Poggenb.)
Black Spruce Fir of North America (*Picea mariana* [Mill.] Britton, Sterns & Poggenb.)
Newfoundland White Spruce Fir (*Picea glauca* [Moench] Voss)
Red Spruce (*Picea rubens* Sarg.)
Balm of Gilead Fir / Pine (*Pinus balsamea* L.)
Three-leaved Bastard Pine (*Pinus echinata* Mill.)
Red Scotch (*Pinus sylvestris* L.)
Wild Pine, Pinaster (*Pinus sylvestris* L.)
Scotch Fir, Scotch Pine (*Pinus sylvestris* L.)
White Pine, Lord Weymouth's Pine, New England Pine (*Pinus strobus* L.)
Frankincense Tree (*Pinus taeda* L.)
Spanish Plane Tree (*Platanus* x *acerifolia* Willd.)
Maple-leaved Plane Tree (*Platanus occidentalis* L.)
Occidental or Virginian Plane Tree (*Platanus occidentalis* L.)
Eastern Plane Tree (*Platanus orientalis* L.)
Black Poplar (*Populus nigra* L.)

Large Yellow Sweet Plum (*Prunus americana* Marshall)
Bird Cherry (*Prunus mahaleb* L.)
Branching Wild Cherry (*Prunus padus* L.)
Small-fruited Bird Cherry (*Prunus padus* L.)
Almond Peach (*Prunus persica* [L.] Batsch)
Late Bird-Cherry (*Prunus serotina* Ehrh.)
Siberian Apricot (*Prunus sibirica* L.)
Blackthorn (*Prunus spinosa* L. 'Plena')
Carolina Poplar Tree (*Populus* L.)
American Bird-Cherry, Virginian Bird-Cherry (*Prunus virginiana* L.)
Variegated-leaved Oak (*Quercus* L.?)
American Mossy-cupped Oak (*Quercus cerris* L.)
Variety of Mossy-cupped Oak (*Quercus cerris* L.)
Oak with prickly cups, Mossy-cupped Oak, Turkey Oak (*Quercus cerris* L.)
Black Jack Oak (*Quercus marilandica* Münch.)
Large-leaved Willow-leaved Oak, Willow-leaved Oak (*Quercus phellos* L.)
Narrow-leaved Willow-leaved Oak (*Quercus phellos* L.)
Red Oak, Champion Oak (*Quercus rubra* L.)
Fastigiated Male Oak (*Quercus robur* L. 'Fastigiata')
Narrow-leaved Sumach (*Rhus copallinum* L.)
Locust tree, Common Bastard Acacia, American Acacia (*Robinia pseudoacacia* L.)
Lacinate-leaved Rose (*Rosa* L.)
Broad-leaved Willow (*Salix pentandra* L.)
Cultivated Service Tree, Big-fruited Chartreux Service Tree (*Sorbus domestica* L.?)
Pear fruited Service Tree (*Sorbus domestica* L.)
Fontainebleau Medlar (*Sorbus latifolia* L.)
Spanish Spiraea (*Spiraea crenata* L.)
Japanese Sophora, Chinese Sophora (*Styphnolobium japonicum* [L.] Schott)
Virginia Cypress, Deciduous Cypress (*Taxodium distichum* [L.] Rich.)
Common Arbor-Vitae (*Thuja occidentalis* L.)
American Black Lime (not grafted) (*Tilia americana* L.)
American Black Lime (with half-double flowers) (*Tilia americana* L.)
White Spruce Fir (*Tsuga canadensis* [L.] Carrière)
Hemlock Spruce Fir (*Tsuga canadensis* [L.] Carrière)
American Elm (*Ulmus americana* L.)
Dutch Elm (*Ulmus* x *hollandica* Mill.)
Dented-leaved Wayfaring Tree (*Viburnum dentatum* L.)
Sheep Turds, Sheep-Berry (*Viburnum lentago* L.)
Oval-leaved Wayfaring Tree (*Viburnum nudum* L.)
Virginia Haw, Black Haw (*Viburnum prunifolium* L.)

注：目録中の「?」は、原書のとおりに記載している。

参考文献

Ansel, Jean-Luc. *Les Arbres parfumeurs*. Paris: Éditions Eyrolles, 2003.

Bachaumont, Louis Petit de. *Journal ou Mémoires secrets pour servir l'histoire de la République des Lettres depuis 1762, 1777–1789*, 36 vol. London: Greg International, 1970.

Bertrand, Bernard. *Herbier boisé*. Toulouse: Éditions Plume de Carotte, 2007.

Besenval, Pierre Victor (baron de). *Mémoires du Baron de Bésenval sur la Cour de France*. Introduction and notes by Ghislain de Diesbach. Paris: Arthus-Bertrand, 1807. Republished coll. Le Temps retrouvé. Paris: Mercure de France, 1987.

Boschung, Nicole, and Michèle Giraud. *Le Jardin parfumé*. Paris: Larousse, 2010.

Buchoz, Pierre-Joseph. *Dictionnaire universel des plantes, arbres et arbustes de la France*. Paris: Lacombe, 1770.

———. *Toilette et laboratoire de Flore en faveur du beau sexe*. Paris: Chez l'Auteur [author as publisher], 1784.

———. *Traité de la culture des arbres et arbustes*. Paris: Chez l'Auteur [author as publisher], 1786.

Campan, Jeanne-Louise Genet. *Mémoires de Madame Campan, première femme de chambre, sur la vie privée de Marie-Antoinette*. Paris: Jean-Chalon, 1823. Republished coll. Le Temps retrouvé. Paris: Mercure de France, 1988. Translated as *Memoirs of the Court of Marie Antoinette, Queen of France, Complete: Being the Historic Memoirs of Madam Campan, First Lady in Waiting to the Queen* (Boston: L.C. Page & Co., 1900).

Delille, Jacques. *Les Jardins, ou l'art d'embellir les paysages*. Paris: Lacombe, 1782.

Desjardins, Gustave. *Le Petit Trianon, histoire et description*. Versailles: L. Bernard, 1885.

Duchesne, Antoine-Nicolas. *Manuel de botanique contenant les propriétés des plantes qu'on trouve à la campagne, aux environs de Paris*. Paris: Didot le Jeune, 1764.

———. *Sur la formation des jardins*. Paris: Pissot, 1779.

Duhamel du Monceau, Henri-Louis. *Traité des arbres et arbustes qui se cultivent en France en pleine terre*. Paris: Guérin et Monceau, 1755.

Dumas, Anne. *Les Plantes et leurs symboles*. Paris: Le Chêne, 2000.

Fargeon, Jean-Louis. *L'Art du parfumeur ou traité complet de la préparation des parfums, cosmétiques, pommades, pastilles, odeurs, huiles antiques, essences contenant plusieurs secrets nouveaux pour embellir et conserver le teint des dames, effacer les taches et les rides du visage*. Paris: Delalain fils, year IX (1801).

Fraser, Antonia. *Marie-Antoinette: The Journey*. New York: Anchor Books, 2002.

Gautier d'Agoty, Jacques Fabien. *Collection des plantes usuelles, curieuses et étrangères, selon les systèmes de Mrs. Tournefort et Linnaeus, tirées du jardin du Roi et de celui de MM. Les Apothicaires de Paris*. Paris: Chez l'Auteur [author as publisher], 1767.

Ghozland, Freddy, and Xavier Fernandez. *L'Herbier parfumé*. Toulouse: Éditions Plume de Carotte, 2010.

Girard, Georges, ed. *Correspondance entre Marie-Antoinette et Marie Thérèse*. Paris: Grasset, 1933.

Goncourt, Edmond and Jules de. *Histoire de Marie-Antoinette*. Paris: Librairie de Firmin Didot Frères, Fils et Cie, 1858.

Karamsin, Nicolai. *Travels from Moscow, through Prussia, Germany, Switzerland, France, and England*. Vol. 3. Translated by A.A. Feldborg. London: G. Sidney, 1803.

Karamzin, Nikolai. *Letters of a Russian Traveller: A Translation, with an Essay on Karamzin's Discourses of Enlightenment*. Coll. Studies on Voltaire and the Eighteenth Century 4. Translated by Andrew Kahn. Oxford: Voltaire Foundation, 2003.

Karr, Alphonse. *Paris guide, par les principaux écrivains et artistes de la France*. Paris: Librairie Internationale, 1867.

LAMOTHE-LANGON, Étienne-Léon. *Souvenirs sur Marie-Antoinette, archiduchesse d'Autriche, reine de France, et sur la cour de Versailles, par Mme la comtesse d'Adhémar, dame du palais*. 2 vols. Paris: L. Mame, 1836.

LANGLADE, Émile. *La Marchande des modes de Marie-Antoinette, Rose Bertin*. Paris: Albin Michel, 1911.

LÉONARD [Léonard Autié]. *Souvenirs de Léonard, coiffeur de la reine Marie-Antoinette*. Paris: Alphonse Levavasseur, 1838. Republished Paris: Arthème Fayard, [1905]. Translated by A. Teixeira de Mattos as *Souvenirs of Léonard: Hairdresser to Queen Marie-Antoinette* ([Hong Kong]: Forgotten Books, 2012).

LESCURE, M. de. *Le Palais de Trianon: histoire, description, catalogue des objets exposés sous les auspices de la Majesté l'Impératrice*. Paris: Plon, 1867.

LIGER, Louis, and H. BESNIER. *La Nouvelle Maison rustique*. Paris: La Veuve Savoye, 1777.

LIGNE, Charles-Joseph de. *Coup d'oeil sur Beloeil*. Beloeil: Chez l'Auteur [author as publisher], 1781.

NOLHAC, Pierre de. *La Reine Marie-Antoinette*. Paris: A. Lemerre, 1892. Republished Paris: L. Conard, 1929.

———. *Autour de la Reine*. Paris: Jules Tallandier, 1929.

———. "La Garde Robe de Marie-Antoinette d'après des documents inédits," *Le Correspondant*, September 25, 1925: 840–59.

———. *La Gazette de la Reine pour l'année 1782*. Paris: Chez l'Auteur [author as publisher], 1925 (facsimile edition).

———. *Le Trianon de Marie-Antoinette*. Paris: Goupil et Cie, 1914.

———. "Les Consignes de Marie-Antoinette au Petit Trianon," *Revue de l'histoire de Versailles et de Seine-et-Oise*, 1899: 3–10.

———. *Marie-Antoinette Dauphine*. Paris: Calmann-Lévy, 1898. Republished Paris: L. Conard, 1929.

OBERKIRCH (baronne d'). *Mémoires sur la cour de Louis XVI et la société française avant 1789*. Coll. Le Temps retrouvé. Edited by Suzanne Burkard. Paris: Mercure de France, 1970.

PAROY, Jean-Philippe. *Mémoires du comte de Paroy, souvenirs d'un défenseur de la famille royale pendant la Révolution (1789–1797)*. Published by Étienne Charavay. Paris: Librairie Plon, 1895.

PHILIPPAR, François-Haken. *Catalogue méthodique des végétaux cultivés dans le Jardin des plantes de Versailles*. Versailles: Montalant-Bougleux, 1843.

TILLY, Alexandre de (comte). *Mémoires du comte Alexandre de Tilly pour servir à l'histoire des moeurs de la fin du 18e siècle*. Paris: Chez Les Marchands de Nouveautés, 1828. Reprinted Paris: H. Jonquières, 1929.

TOURZEL, Louise-Joséphine de Croÿ d'Havré (duchesse de). *Mémoires de Mme la duchesse de Tourzel, gouvernante des Enfants de France pendant les années 1789 à 1795*. Coll. Le Temps retrouvé. Published by Jean Chalon. Paris: Mercure de France, 1969.

VOGT D'HUNOLSTEIN, Paul (comte). *Correspondance inédite de Marie-Antoinette*. Paris: E. Dentu, 1864.

YOUNG, Arthur. *Arthur Young's Travels in France during the Years 1787, 1788 and 1789*. Edited by Matilda Betham-Edwards. London: George Bell and Sons, 1909. First published 1792.

◎エリザベット・ド・フェドーのその他の著作

Les Parfums: dictionnaire, anthologie, histoire. Coll. Bouquins. Paris: Robert Laffont, 2011.

Diptyque. Paris: Éditions Perrin, 2007.

Jean-Louis Fargeon, parfumeur de Marie-Antoinette. Paris: Éditions Perrin, 2005. Translated by Jane Lizop as *A Scented Palace: The Secret History of Marie Antoinette's Perfumer* (London: I. B. Tauris, 2006).
邦訳：マリー・アントワネットの調香師 ジャン・ルイ・ファージョンの秘められた生涯（原書房，2007）

L'Un des sens, le parfum au XXe siècle. Toulouse: Éditions Milan, 2001.

France, Terre de Luxe. Edited by Jacques Marseille. Paris: Éditions de la Martinière, 2000.

植物品種のインデックス

→ 参照　　→→ 関連項目

Absinthe. → *Artemisia absinthium*
Absinthium vulgare.
　→ *Artemisia absinthium*
Acer
　A. campestre, 76–77
　A. negundo, 77
　A. pennsylvanicum, 77
　A. rubrum, 77
　A. saccharum, 77
Aesculus
　A. flava, 113
　A. hippocastanum, 112–13
Allium ursinum, 160–61
Alpine juniper ハンノキ, 17
Andromeda
　A. axillaris, 115
　A. mariana. → *Neopeiris mariana*
　A. polyfolia, 115
Anemone coronaria, 60–61
Angelica, 152–53
　A. archangelica, 153
　A. sylvestris, 153
Apricot, 19. →→ *Prunus armeniaca*
Aquilegia vulgaris, 98–99
Arabian jasmine, 82
Argyranthemum frutescens, 67
Artemisia absinthium, 180–81
Aster chinensis.
　→ *Callistephus chinensis*
Azalea canadense.
　→ *Rhododendron canadense*
Azores jasmine, 82
Bay laurel. → *Laurus nobilis*
Bear's garlic. → *Allium ursinum*

Bell heather. → *Erica cinerea*
Black locust. → *Robinia pseudoacacia*
Bladder senna, 6. →→ *Colutea*
Box. → *Buxus sempervirens*
Buxus
　B. balearica, 51
　B. sempervirens, 50–51
Cabbage rose. → *Rosa* x *centifolia*
Callistephus chinensis, 58–59
Camellia, 21. →→ *Camellia japonica*
Camellia japonica, 136–37
Carnation, 6, 14, 23. →→ *Dianthus*
Carpinus betulus, 34–35
Carya illinoinensis, 156
Catalpa, 120–21
　C. bignonioides, 120
　C. ovata, 120
Cedar of Lebanon, 16, 17.
　→→ *Cedrus libani*
Cedrus libani, 106–9
Centaurea cyanus, 172–73
Cerasus mahaleb. → *Prunus mahaleb*
Cercis siliquastrum, 126–27
Cherry サクランボ, 19.
　→→ *Prunus cerasus*
China aster. → *Callistephus chinensis*
Chrysanthemum, 66–67
　C. indicum, 67
　C. coronarium, 67
　C. frutescens, 67
Citrus sinensis, 52–53
Columbine. → *Aquilegia vulgaris*
Colutea orientalis, 118–9
Consolida ajacis, 40–41

Convallaria majalis, 148–51
Cornflower. → *Centaurea cyanus*
Cornus sanguinea, 138–39
Crataegus
　C. laevigata, 132–33
　C. oxyacantha. → *C. laevigata*
　C. crus-galli, 133
Crown imperial.
　→ *Fritillaria imperialis*
Dame's rocket. → *Hesperis matronalis*
Dame's violet ハナダイコン, 27
Daphne mezereum, 90–91
Delphinium ajacis.
　→ *Consolida ajacis*
Dianthus, 54–57
　D. barbatus, 55
　D. caryophyllus, 55
　D. plumarius, 55
Dog rose. → *Rosa canina*
Dogwood. → *Cornus sanguinea*
Dwarf pine ハイマツ, 22
Elaeagnus angustifolia, 140–41
English dogwood.
　→ *Philadelphus coronarius*
English hawthorn.
　→ *Crataegus laevigata*
English oak. → *Quercus robur*
Erica cinerea, 146–47
Erysimum x *cheiri*, 214–15
Euonymus, 94–95
　E. americanus, 94–95
　E. europaeus, 94–95
　E. latifolius, 94–95
Ficus carica, 184–85

Field maple. → *Acer campestre*
Fig. → *Ficus carica*
Firethorn. → *Pyracantha coccinea*
Fragaria, 174–77
Fritillaria imperialis, 42–43
Genista
   G. hispanica, 86
   G. juncea. → *Spartium junceum*
Gleditsia, 110–11
   G. inermis, 110
   G. aquatica, 110
   G. sinensis, 110
   G. triacanthos, 110
Granny's bonnet. → *Aquilegia vulgaris*
Grape vine. → *Vitis vinifera*
Grass lily.
   → *Ornithogalum umbellatum*
Guelder rose. → *Viburnum opulus*
Heliotrope, 14
Hesperis matronalis, 212–13
Holly. → *Ilex aquifolium*
Honeysuckle. → *Lonicera*
Hornbeam. → *Carpinus betulus*
Horse chestnut.
   → *Aesculus hippocastanum*
Hyacinth. → *Hyacinthus orientalis*
Hyacinthus orientalis, 48–49
Ilex
   I. aquifolium, 100–101
   I. ferox, 100
Indian bean tree. → *Catalpa*
Iris, 6, 36–39
   I. germanica, 36, 38
   I. persica, 36, 38
   I. pseudacorus, 36, 64
Italian buckthorn.

→ *Rhamnus alaternus*
Japanese camellia.
   → *Camellia japonica*
Jasmine, 5. →→ *Jasminum*
Jasminum, 82–85
   J. azoricum. → Azores jasmine
   J. grandiflorum. → Spanish jasmine
   J. sambac. → Arabian jasmine
Judas tree, 17. →→ *Cercis siliquastrum*
Juglans
   J. alba, 156
   J. cinerea, 156
   J. nigra, 156–57
   J. regia, 156
Laburnum, 21
Larch カラマツ, 17.
   →→ *Larix Larix*
   L. decidua, 216–17
   L. europaea, 216–17
Larkspur, 5
Laurus nobilis, 196–97
Lavandula
   L. angustifolia, 178–79
   L. officinalis, 178–79
Lavender, 6. →→ *Lavandula*
Leucothoe axillaris.
   → *Andromeda axillaris*
Lilac, 5–6, 13, 29.
   →→ *Syringa Lilium*
   L. album, 62–65
   L. candidum, 62–65
Lily ユリ, 5–7. →→ *Lilium*
Lily-of-the-valley スズラン, 6.
   →→ *Convallaria majalis*
Lime, 222. →→ *Tilia*

Linden. → *Tilia*
Liquidambar orientalis, 123
Liriodendron tulipifera, 192–93
Lombardy poplar.
   → *Populus nigra* 'Italica'
Lonicera caprifolium, 190–91
Madonna lily. → *Lilium candidum*
Magnolia タイサンボク,
   M. acuminata, 128
   M. grandiflora, 128–29
Malcomia maritima, 214–15
Malus pumila, 226–27
Matthiola incana, 214–15
Mezereon, 6. →→ *Daphne mezereon*
Myrtle. → *Myrtis communis*
Myrtus communis, 80–81
Narcissus, 68–71
   N. poeticus, 68
   N. pseudonarcissus, 71
   N. tazzetta, 68
Neopieris mariana, 114–15
Olea europaea, 44–45
Olive. → *Olea europaea*
Orange. → *Citrus sinensis*
Oriental plane. → *Platanus orientalis*
Ornithogalum umbellatum, 158–59
Pagoda tree, 5, 17.
   →→ *Sophora japonica*
Papaver, 186–87
   P. orientale, 187
   P. rhoeas, 187
   P. somniferum, 187
Paradise apple. → *Malus pumila*
Peach, 19. →→ *Prunus persica*
Persian lilac ペルシアハシドイ, 17
Philadelphus coronarius, 230–31

Pine, 13, 17
Platanus
    P. acerifolia, 218–19
    P. occidentalis, 218–19
    P. orientalis, 218–19
Plum, 19
Polianthes tuberosa, 46–47
Poppy. → *Papaver*
Poppy anemone.
    → *Anemone coronaria*
Populus
    P. nigra 'Italica,' 166–67
    P. pyramidalis, 166–67
Potato. → *Solanum tuberosa*
Potato flower, 6
Prunus
    P. armeniaca, 194–95
    P. avium, 182
    P. cerasus, 182–83
    P. mahaleb, 124–25
    P. persica, 198–99
Pyracantha coccinea, 92–93
Quercus
    Q. pedunculata, 154–55
    Q. robur, 154–55
Ramsons. → *Allium ursinum*
Reseda, 14
Rhamnus alaternus, 96–97
Rhododendron
    R. canadense, 142–43
    R. ponticum, 142
Rhodora.
    → *Rhododendron canadense*
Rhodora Canadensis.
    → *Rhododendron canadense*
Rhus

R. copallina, 116
R. toxicodendron, 116
R. typhina, 116–17
Robinia
    R. hispida, 168
    R. pseudoacacia, 168–69
Rocket larkspur. → *Consolida ajacis*
Rosa
    R. canina, 204–5
    R. x *centifolia*, 206–11
Rose, 9, 21, 22. →→ *Rosa*
Russian olive.
    → *Elaeagnus angustifolia*
Salix
    S. alba, 220–21
    S. babylonica, 170–71
Schmaltzia copallina, 116
Silverberry. → *Elaeagnus angustifolia*
Solanum tuberosum, 188–89
Sophora
    Sophora japonica.
        → *Styphnolobium japonicum*
    Sophora microphylla, 134
Southern magnolia.
    → *Magnolia grandiflora*
Spanish broom. → *Genista hispanica*
Spanish jasmine, 14, 82, 84
Spartium junceum, 86–87
Spindle. → *Euonymus*
St. Lucie cherry. → *Prunus mahaleb*
Stagger bush. → *Neopieris mariana*
Staghorn sumac. → *Rhus typhina*
Star-of-Bethlehem. → *Ornithogalum umbellatum*
Strawberry. → *Fragaria*
Styphnolobium japonicum, 134–35

Styrax officinalis, 122–23
Sweet mock-orange. → *Philadelphus coronaria*
Syringa, 6, 228–29
    S. x *persica*, 229
Taxus baccata, 78–79
Tilia, 222–23
Tuberose, 23. →→ *Polianthes tuberosa*
Tulip, 12
Virginia tulip tree, 5, 17. →→ *Liriodendron tulipifera*
Viburnum opulus, 224–25
Viola odorata, 130–31
Violet, 5, 17. →→ *Viola odorata*
Vitis vinifera, 88–89
Walnut クルミ, 19. →→ *Juglans nigra*
Wallflower, 19. →→ *Erysimum* x *cheiri*
Water elder. → *Viburnum opulus*
Weeping willow, 17. →→ *Salix babylonica*
White pelote de neige rose, 13, 225
White willow. → *Salix alba*
Wood violet. → *Viola odorata*
Wormwood. → *Artemisia absinthium*
Yew. → *Taxus baccata*

訳者あとがき

　本書『マリー・アントワネットの植物誌』は、ヴェルサイユ宮殿の離宮に付属する庭園「小トリアノン」を舞台に、植物学、歴史学、医学、香水学、民俗学などさまざまな分野が織り成す、博学の書です。
　フランス王妃マリー・アントワネットについては、「ベルサイユのばら」などの流行もあり、その名前は広く知られていますが、彼女が愛した植物を切り口に、その日常に迫る試みは斬新です。オーストリアのハクスブルク家から歓喜をもってフランス国民に迎えられた皇女が、ごく一般的な女性としての幸福を求めながら、革命に巻き込まれ、断頭台に登るまでの数奇な運命が、植物との関わりの中で、淡々と、そして真に迫って記述されています。
　写真を一切用いず、絵画と細密画を多用した構成によって、本書は独特の雰囲気を醸し出しています。また、その絵画・彫刻や紋章に関する記述は、西洋芸術鑑賞における視野を広げてくれます。本書では、随所に、ギリシア神話や古代ローマにおける植物の逸話が登場しますが、それらは、断片的な西洋文化に対する知識を統合し、大きな流れとしての認識を新たにしてくれます。医学・薬学に関する記述も正確で、ハーブ活用書としても有用です。以上のように、本書には、広汎な内容が含有されていて、多くの読者の興味と知識欲を満足させてくれます。本書を一読することで、フランス旅行がより充実したものになることも保証できます。

川口　健夫

謝　辞

貴重な援助を下さったすべての方々に感謝の意を表したい。
アラン・バラトン：ヴェルサイユおよびトリアノン国有地の主任造園師であり、この企画を発案してくれた。
アレール・カリエス：フラマリオンの実用書編集ディレクターであり、変わらぬ信頼を示してくれた 。
リザ・ペルソン＝リシエツキ：フラマリオンの編集者でとてつもない助力と有効な助言に。
おなじくアドデード・アルゴラッシュとクロエ・ビルファイヨへ。

写真クレジット

All illustrations are from the Réunion des Musées Nationaux (RMN).

© **RMN (Château de Versailles) / Gérard Blot:**
6 (Marie-Antoinette of Lorraine-Habsburg, Archduchess of Austria,
Queen of France, painted in 1778 by Élisabeth Vigée-Le Brun.
Standing portrait in court attire "with panniers," dressed in a satin robe, holding a rose);
8 (motif in Marie-Antoinette's billiard room); 31 (pattern for the embroidery
of the bedcover of Queen Marie-Antoinette's great chamber at Versailles, May 1786,
attributed to Jean-François Bony); 32; 74, bottom; 164; 202.

© **RMN (Château de Versailles) / All rights reserved:**
28; 30; 72; 102; 144; 162; 200 (comprehensive plan of the French and country gardens of
the Petit Trianon showing the outlines of the buildings, between 1783 and 1786, preserved
in the architecture department at Versailles, attributed to Richard Mique);
104; 163 (Marie-Antoinette's bedcover in the style of Louis XVI).

© **RMN (Château de Versailles) / Daniel Arnaudet:** 74, top.

© **RMN (Château de Fontainebleau) / Daniel Arnaudet:**
201 (fire screen from Marie-Antoinette's games room).

© **Muséum National d'Histoire Naturelle, Dist. RMN / images of the MNHN, central library.**

Abel, Gottleib Friedrich (1763–?) / 76, 112
Anonymous / 40, 52, 54, 58, 80, 92, 132, 152, 166, 172, 178, 180, 186, 188, 214, 217, 224, 226
Barrois, Pierre François (1788–?) / 57
Bessa, Pancrace (1772–1846) / 66, 89, 106, 122, 155, 205
Bouquet, Louis (1765–1814) / 195
Bouquet, Louis (1765–1814), and Pierre-Antoine Poiteau (1766–1854) / 175, 177, 198
Bouquet, Louis (1765–1814), and Pierre Joseph Redouté (1759–1840) / 185
Brenet, Mlle (nineteenth century), and Pierre Joseph Redouté (1759–1840) / 87, 139
Dietzsch, Barbara Regina (1706–83), and Adam Ludwig Wirsing (1733–97) / 212
Ehret, Georg Dionysius (1708–70), and Adam Ludwig Wirsing (1733–97) / 49
Giacomelli, Sophie, née Janinet (1786–1813) / 143

Henriquez, Benoît Louis (1732–1806) / 228
Lambert (nineteenth century), and Pierre Jean François Turpin (1775–1840) / 130, 190
Mixille, Jean-Marie (late eighteenth century), and Pierre Joseph Redouté (1759–1840) / 111, 117, 140, 169, 197
Morret, Jean-Baptiste (fl. 1790–1820), and Pierre Joseph Redouté (1759–1840) / 94
Redouté, Pierre Joseph (1759–1840) / 34, 37, 39, 43, 45, 47, 50, 63, 69, 79, 91, 97, 101, 114, 119, 121, 125, 127, 129, 135, 137, 149, 157, 158, 160, 170, 183, 193, 207, 219, 220, 223, 231
Robert, Nicolas (1614–85) / 98
Rössler, Martin (fl. eighteenth century), and Michael Rössler (1705–77) / 146
Edwards, Sydenham Teast (1768–1819) / 83
Wirsing, Adam Ludwig (1733–97) / 61

著者

エリザベット・ド・フェドー　Élisabeth de Feydeau

1997年ソルボンヌ大学から「衛生学から夢へ：フランス香水産業1830〜1945年」にて博士号を取得。執筆や展覧会の開催やワークショップと共に、1999年以降、高等専門教育機関Essecの学生や、ヴェルサイユの調香師学校ISIPCAで将来の調香師を教え、情報を共有することに情熱をかけている。2010年、文化大臣より芸術文化勲章を授与された。

著書：「マリー・アントワネットの調香師」「調香師が語る　香料植物の図鑑（序文執筆）」「Les Parfums : Histoire, Anthologie, Dictionnaire」「Les 101 mots du parfum」など。

WEB：Elisabeth de Feydeau's News — http://elisadefeydeau.wordpress.com/

監修

アラン・バラトン　Alain Baraton

ヴェルサイユおよびトリアノン国有地の主任造園師であり、毎週土曜日と日曜日の朝に、公共ラジオFrance Interで庭園と植物の紹介に尽力している。

多くのベストセラー著作がある。著書：「ヴェルサイユの女たち」「Dictionnaire amoureux des jardins」「Mon agenda du jardin」など。

訳者

川口　健夫　Takeo Kawaguchi

北海道大学薬学部卒、薬学博士。米国カンサス大学、帝人生物医学研究所、城西大学薬学部などを経て、城西国際大学環境社会学部教授（ハーブ・アロマテラピー担当）。社団法人ニューパブリックワークス理事。ホリスティックサイエンス学術協議会事務局長。

著書：「薬と代替療法　リフレクソロジー＆アロマセラピー」

共著書：「Pharmacokinetics, A modern view」「新しい図解薬剤学」「癒しの島と新タラソテラピー」など。翻訳・共訳書：「プロフェッショナルのためのアロマテラピー第3版」「自然療法ハンドブック」「ハーブの安全性ガイド」「精油の化学」「エッセンシャルオイルの特性と使い方」「味とにおい」「ティートリー油」など多数。

"L'Herbier de Marie-Antoinette" d'Élisabeth de Feydeau
Préface : Catherine Pégard
Direction d'ouvrage : Alain Baraton
Relecture botanique : Peter A. Schäfer
Conception graphique : Delphine Delastre
©Flammarion, Paris, 2012
This book is published in Japan by arrangement with Flammarion, S.A.,
through le Bureau des Copyrights Français, Tokyo.

Originally published in French as L'Herbier de Marie-Antoinette
© Flammarion, S.A., Paris, 2012
English-language edition
© Flammarion, S.A., Paris, 2013

マリー・アントワネットの植物誌

2014年2月25日　第1刷
2014年7月10日　第2刷

著者　エリザベット・ド・フェドー
監修　アラン・バラトン
訳者　川口　健夫

装丁　川島　進（スタジオギブ）

発行者　成瀬　雅人
発行所　株式会社　原書房
〒160-0022 東京都新宿区新宿1-25-13
電話・代表　03-3354-0685
http://www.harashobo.co.jp　振替　00150-6-151594
印刷・製本　中央精版印刷株式会社

© Takeo Kawaguchi 2014
ISBN 978-4-562-04985-1　C0022　Printed in Japan